由“十三五”国家重点研发计划“装配式混凝土工业化建筑
高效施工关键技术研究与示范”（2016YFC0701700）资助

预埋吊件的拉拔和拉剪耦合力学性能试验研究

孟宪宏　高　迪　刘雅芹　著

中国建筑工业出版社

图书在版编目（CIP）数据

预埋吊件的拉拔和拉剪耦合力学性能试验研究 / 孟宪宏，高迪，刘雅芹著．— 北京：中国建筑工业出版社，2018.10

ISBN 978-7-112-23014-3

Ⅰ．①预… Ⅱ．①孟…②高…③刘… Ⅲ．①混凝土结构-预埋件-吊具-拉拔-力学性能试验-研究 Ⅳ．①TU583-33 ②TU755-33

中国版本图书馆CIP数据核字（2018）第270826号

本书通过参考国内外相关规范，根据预埋吊件的传力途径、构造形式和适用范围，将现有预埋吊件分为六类：扩底类、穿筋类、螺纹头端部异形类、撑帽式短柱、“短小版”扩底类和板状底部类。本文对以上六类预埋吊件的拉拔和拉剪耦合力学性能均进行了深入研究。

本书内容共5章，包括：第1章绪论，第2章承载力计算公式及影响因素，第3章试验方案，第4章预埋吊件的拉拔和拉剪耦合试验现象及数据分析，第5章结论与展望。

本书可供预埋吊件研究人员及科研院校借鉴使用。

责任编辑：王华月　范业庶
责任校对：芦欣甜

预埋吊件的拉拔和拉剪耦合力学性能试验研究
孟宪宏　高　迪　刘雅芹　著

*

中国建筑工业出版社出版、发行（北京海淀三里河路9号）
各地新华书店、建筑书店经销
北京建筑工业印刷厂制版
北京京华铭诚工贸有限公司印刷

*

开本：787×960毫米　1/16　印张：$6\frac{1}{4}$　字数：115千字
2018年12月第一版　2018年12月第一次印刷
定价：**33.00**元
ISBN 978-7-112-23014-3
（33079）

前　言

装配式建筑结构的发展导致预埋吊件应用普遍，在预制构件吊装施工过程中，预埋吊件起到了举足轻重的作用。随着国内对预埋吊件需求量的迅速增大，我国急需对正在生产使用的预埋吊件的安全性能问题进行深入的研究，特别是对实际工程中经常出现的拉拔和拉剪耦合力学性能的研究，本书的主要研究工作如下：

笔者通过参考国内外相关规范，根据预埋吊件的传力途径、构造形式和适用范围，将现有预埋吊件分为六类：扩底类、穿筋类、螺纹头端部异形类、撑帽式短柱、“短小版”扩底类和板状底部类。本书对以上六类预埋吊件的拉拔和拉剪耦合力学性能均进行了深入研究。

梳理国内规范《混凝土结构后锚固技术规程》JGJ 145—2013、美国规范《ACI 318》、英国规范《CEN/TR 15728》中受拉、受剪的破坏形式分类和不同破坏形式下的拉拔和垃圾耦合承载力计算公式。将各规范中规定的承载力计算公式在适用范围、锥体破坏公式影响系数和分项系数等方面进行对比分析，比较各规范的异同，并归纳总结承载力的影响因素。

为了深入研究预埋吊件的拉拔力学性能，本试验选取了六类七种共 54 个预埋吊件，将其设计成 18 组共 54 个基材混凝土试件。其中，为了研究埋深对于承载力的影响，本书试验设计了 9 组对比试验，为了研究边距对于承载力的影响，设计了 4 组对比试验。通过对试验现象分析可知，试验中发生的主要破坏形式为混凝土锥体破坏，只有联合锚栓在边距较大的情况下发生了拉断破坏，试验中得到的破坏角度略小于理想角度 35°，验证了该试验方案的可行性；通过对试验数据和荷载-位移曲线进行分析可知，同种预埋吊件在边距相同的情况下，埋置深度越大，预埋吊件的抗拉承载力越大。同种预埋吊件在埋置深度相同的情况下，边距越大，预埋吊件的抗拉承载力越大；将拉拔试验所得的极限承载力与根据国内外规范计算的理论值进行比较可知，试验值与各规范的理论值的比值范围分别为 1.1 ～ 2.8、1.3 ～ 3.0、1.5 ～ 3.6，比值较大的均发生在平板提升管件和提升管件这两类预埋吊件中，说明这两类预埋吊件在使用时更偏于安全。比值最小的多发生在楼板元件-圆锥头吊装锚栓和 TPA-FS 型伸展锚钉这两类预埋吊件中，说明此预埋吊件在使用时安全性相比其他预埋吊件较差一些，选用时需要注意增大其埋深或增加数量等来增大安全性；通过各规范对比分析可知，《CEN/TR 15728》中关于抗拉承载力的计算公式更适合实际工程的计算。

为了深入研究预埋吊件的拉剪耦合力学性能，本书试验选取了三类三种共18个预埋吊件，并将其设计成组共9个混凝土试件。通过对试验现象可知，9个混凝土试件均发生了混凝土破坏，通过对试验数据和荷载-位移曲线进行处理分析，可计算出每个预埋吊件的极限承载力，验证了该试验方案的可行性；将试验数据代入三大规范中关于拉剪耦合的计算公式进行验算，结果表明《ACI 318》规定的计算方式在计算拉剪耦合作用力时更为安全，可用于指导国内预埋吊件在实际工程的受力计算。本书的研究工作是在戴承良、张卢雪、谷立、郭玮、毕佳男、夏程、王亚楠等研究生以及沈阳建筑大学结构实验室技术人员的参与下完成的，在此对他们所做的贡献表示衷心的感谢。

感谢沈阳建筑大学土木工程学院周静海教授对本书的支持。

感谢中国建筑科学研究院王晓锋研究员对本书的支持。

本书由“十三五”国家重点研发计划“装配式混凝土工业化建筑高效施工关键技术研究与示范”（2016YFC0701700）资助。

目 录

第1章 绪 论

1.1 研究背景

1.1.1 装配式建筑的发展及特点

自改革开放以来，中国城镇化的脚步逐步加快，国家统计局的数据显示，自2011年到2015年，中国城镇化水平从37.1%提高到了56.1%，实现了城镇化水平的又一次提升。而城镇化脚步的加快也必然引起建筑行业的快速可持续发展，作为我国经济发展的三大支柱产业之一的建筑行业，将具有广阔的发展空间和潜能，成为我国经济产业的重要组成部分。然而建筑行业在持续快速发展的同时也引发了一系列问题，比如劳动力紧缺，资源供应不足，环境严重污染等[1-3]。

劳动力紧缺：随着城镇化的不断深入，建筑行业呈持续增长趋势，对劳动力的需求也相应增加。但与此同时，社会的发展和人文素质的提高导致从事底层劳动工作人员的数量大幅度减少，造成了劳动力的大量流失，在劳动力供应方面，中国的劳动市场形成供不应求的局面，尤其对于工作稳定性差、强度大、薪资低的建筑行业，劳动力更是严重紧缺。需要耗费大量人力物力的传统现场浇筑施工方式已经不适合大环境下的建筑行业。

资源供应不足：建筑行业作为对能源和资源依赖程度很高的行业之一，其发展离不开对不可再生资源的大量开采和使用，尤其是需要大量消耗天然矿物和木材。随着我国建筑行业的快速发展，土地被大量破坏的同时，资源和能源储备量也呈现逐年减少的趋势。资源的短缺，再加上近年来物价的上涨造成建材成本逐年增长，建筑利润明显下降，开展节约型建筑已经成为未来建筑行业的发展方向。

环境严重污染：传统的建造方式是将人力物力全部集中在施工现场，进行整体施工，施工过程中难免会造成环境污染和噪声危害等，比如在施工现场对混凝土搅拌过程中往往会出现粉尘飞扬并产生大量建筑垃圾，对周围环境造成严重的污染。另外施工过程中会产生大量废物垃圾，造成施工现场一片狼藉，“脏、乱、差”的情况是常态。

综上可知，传统的建造方式已经不符合我国建筑行业的发展，建筑工业化才是未来的发展趋势[4]。所谓建筑工业化就是将技术、市场与经济完美结合，实现建筑产业优化配置，既解决了传统建造模式所产生的劳动力缺乏、资源供应不足、环境严重污染等问题，又实现了设计标准化、建造装配式、生产工业化，真正做到节省劳动力，改善环境和节能减排。

装配式建筑作为建筑工业化的核心产业，是指在工厂将建筑所用的部分或者全部构件制作完成，后运输至施工现场进行安全可靠，合理可行的装配和组装而形成的建筑物[5]。装配式建筑的建造方式，就好比造汽车，先将所用的部件和零件进行标准化生产，达到生产标准后按照设计图进行完美的组装，如图1-1所示，这种建造工序可简单概括为设计、生产、运输、组装等[6]，按照此种建造方式生产的建筑物一般具有以下特点。

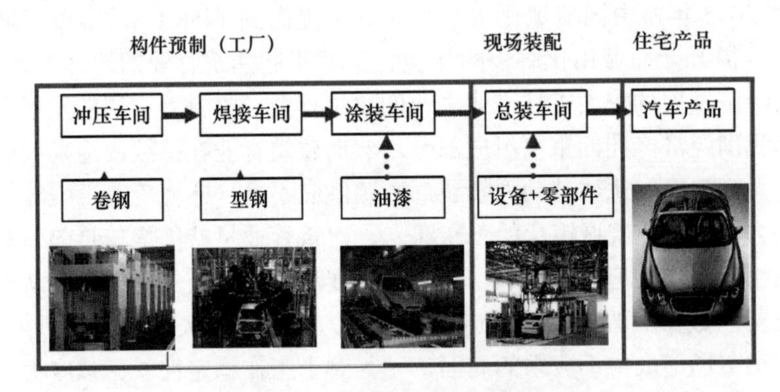

图1-1　造汽车一样造房子

Fig.1.1　Building a house like a car

（1）减少劳动力：发展装配式建筑所用的预制混凝土结构构件，包括柱、墙、板、梁、楼梯等都是在工厂内完成生产制作，后运输至施工现场进行组装。与传统的混凝土现浇工艺相比，这种集中式、工业化的生产模式很大程度上减少了人工工作量，对劳动力的需求也随之下降，机械化、专业化的施工方式将会逐渐代替传统的人为劳动。

（2）施工进度快，缩短工期：装配式建筑的施工可以理解成将一个项目的建成转化成一个产品的生产。生产的标准化和流水式，促进了预制构件的产出，节省劳动力的同时，提高了产品的生产效率，加快施工进度，从而缩短工期。另外，装配式建筑的施工不受环境和季节变换的影响，不会因冬期施工而影响施工进度。

（3）资源利用率高：首先是节材，预制构件的生产采用机械化的方式，精准的生产模式可以使边角料、工业废料得到合理利用，提高资源的利用率，减少浪费；其次是节能，装配式建筑的外挂板是将50厚挤塑板夹在两面混凝土中，与传统建筑的保温方式相比，其保温性能更好，很大程度地减少了空调的使用，节约了能源。另外也避免了由于传统外墙外保温施工工艺造成的外部装修脱落的现象；还有就是节水，对于预制混凝土结构，施工现场不需要进行混凝土搅拌、运输、振捣、抹平以及后期的养护，省去了对搅拌车和固定泵等机具的清洗，减少了水资源的使用量，也避免了废水和废浆的产生，大大减少了对施工现场以及周围环境的污染。相对传统施工工艺，装配式施工方式节材节能节水，更容易使资源达到最大利用率。

（4）绿色施工：预制构件是在生产车间统一制作而成，施工现场只需要进行组装拼接，免去了传统现浇方式的混凝土搅拌振捣等过程，从而降低了施工现场所产生的扬尘和噪声危害；施工过程不需要进行夜间施工，减少噪声的同时也尽量避免光污染对周围居住人员的影响；另外预制构件的外装饰在生产车间制作完成，外部装饰的工作量大大减少，有效避免扬尘的产生；预制构件采用工厂化制作，施工现场工作量大幅度减少，施工过程产生的建筑垃圾大量减少。

（5）保证施工质量：预制构件的生产严格遵循着标准化、机械化、工业化，很好地解决了传统施工方式带来的开裂、冲磨破坏等质量问题；而且预制构件生产单一化，施工相对简单，避免因施工复杂影响因素多而带来的质量问题；另外在预制构件的生产以及组装过程中，施工管理者会认真核实每个步骤，进行严格的质量把控。

对于装配式建筑，国外发展体系较为成熟。20世纪70年代，美国就进行了配件式的生产和施工，并出台了沿用至今的相关标准规定，其中《PCI设计手册》所涉及的装配式结构理论，对于全世界建筑行业的发展都具有深远的意义。法国早在1891年就开始建造装配式结构，主要以混凝土结构体系为主，辅以木结构和钢结构，装配程度高达80%。德国之所以成为世界上耗能降低幅度最大并且有意发展被动式建筑的国家，主要归功于大力发展装配式住宅，将发展装配式建筑与节能减排完美融合。20世纪70年代，由于日本频发地震，大量建筑物在震害中受到损害，为了加快灾后重建和增强建筑物安全性能，日本在建筑工业化和建筑物的抗震性能等方面进行了深入的研究，形成了以装配式建筑和盒子结构为主的建筑体系。关于装配式住宅，日本早在1968年就对其概念进行了阐述和说明，另外日本政府出台了一系列标准和政策，形成了标准化的装配式建筑体系。由此可见，国外的装配式建筑发展成熟，有着独具特色的建筑体系，并出台了相关标准规范和方针政策来支持装配式建筑的推进和发展[7-9]。

相较于国外，我国装配式建筑的发展还不成熟，仍需进一步完善和推广。早在20世纪50年代，我国就萌发了推进装配式发展的想法，但是受当时经济条件，人文环境和建造能力的制约，装配式建筑的推进计划遇到了很大的障碍，限制了其发展。直到20世纪90年代末，一方面受国外装配式建筑快速发展的影响，另一方面结合了我国的基本国情和经济能力，我国政府决定重新发展装配式建筑，并出台了相关政策和方针。2016年2月6日，国务院在《关于进一步加强城市规划建设管理工作的若干意见》中提出"为提升城市的建设水平，应大力发展装配式建筑，争取用十年左右的时间，使装配式建筑与新建建筑的比例提高到30%"。《国务院办公厅关于大力发展装配式建筑的指导意见》（国办发［2016］71号）提出"大力发展装配式建筑有利于推进建造方式的创新改革，进而促进建筑产业变革转型"。《"十三五"装配式建筑行动方案》中也明确提出了"到2020年，努力将全国装配式建筑在新建建筑中的比值提高到15%以上，重点发展区域可达到20%"[10]。目前，政府已经设立了部分装配式试点城市，如沈阳、北京、上海、深圳等，各城市也出台了一系列地方技术标准。沈阳作为国内第一个试点城市，其标准的制定借鉴了国外装配式研究的先进成果和成功经验，并参考辽宁省的地域风格和建筑特点，目前已经出台了9部地方技术标准。由此可见，国家正大力推广装配式建筑，在国家政策的大力支持下，装配式建筑在全国各地得到了快速发展，逐步在建筑行业占据主导地位，加快建筑产业的转型和建筑工业化的实现。

预制构件作为装配式建筑的物质基础，是指在生产车间预先生产的梁、板、柱以及其他配件，具有结构性能好，施工进度快，环保节能，保温性能好，防火性能好等特点。预制构件起源于西欧，在欧美地区发展迅速，应用较为广泛，发挥着不可替代的重要作用。预制构件之所以发展迅速，一方面是由于生产机具的改进和施工材料的进步，为预制构件的生产提供更好的平台；另一方面，由于国外对预制构件的研究也更加深入，不管是前期的理论分析、构件设计还是构件制作、后期施工，都出台了相应的规范以及标准进行技术指导和约束控制。预制构件在我国的发展相对落后，唐山大地震后很多预制混凝土结构的房屋遭受损害，人们对预制构件建筑物心存芥蒂。另外国内对预制构件的研究不够深入导致施工过程中问题频发，比如在预制构件吊装过程中构件脱落等，以上问题都阻碍了混凝土构件在我国的进一步推广[11]。但近年来，我国提倡大力发展预制构件行业，并成立了专门的研究机构对预制构件进行大量试验研究，正不断缩小与发达国家在技术水平上的差距。吊装作为预制构件施工过程中最重要的步骤，吊装机具、吊装方式和吊装安全等问题都应该引起人们的注意，需要进行深入研究并制定相应的标准规范来进行指导。

1.1.2 预埋吊件的定义及应用

预制构件的吊装应使用标准吊具和连接件，传统连接件形式主要为吊环和锚栓等，如图 1-2 所示。从安装顺序等施工工艺上看，吊环是预先埋入后浇筑混凝土，属于现浇式施工工艺；而内置式螺栓是先进行混凝土浇筑后通过锚固放置在混凝土中，属于后锚固式施工工艺。通过对比可以得出吊环的整体性高于锚栓，在同等条件下，吊环的承受荷载能力一般来说是优于内置式螺栓的，螺栓更易发生拔出破坏。但是从美观程度上看，吊环置于预制构件表面，而螺栓被放置在预制构件内，对比可知，内置式螺栓更加美观一些。通过对吊环和内置式螺栓进行对比分析，可以说两者不分伯仲，各有优缺。正因为一种既美观，承载能力强，适用范围又广的连接件如此稀缺，预埋吊件这种新型连接件应运而生。

图 1-2 传统连接件形式

Fig.1.2 Traditional form of connector

预埋吊件，在我国最早总结于《混凝土结构工程施工规范》GB 50666—2011[12]，是指在混凝土浇筑成型前埋入预制构件内用于吊装连接的金属件。传统的预埋吊件是早期工程上常用的吊环，但是因为吊环的制作耗材多，设计强度低，锚固深度长，而且构件安装就位后，对预制构件尺寸有要求，需进行切除，但又影响美观，因此逐渐被淘汰[13]。

在钢筋混凝土或者预应力混凝土结构的连接中，预埋吊件的应用相当普遍，特别是在高层和超高层建筑结构中得到了较多应用。在预制构件吊装施工过程中，预埋吊件起到了举足轻重的作用。预埋吊件的使用，不仅可以很好地解决在吊装过程中由于不同类型或相同类型不同规格的构件起吊孔的间距不一致而导致构件受力不均衡，容易造成构件破坏，吊装偏差大的问题，而且预埋吊件传力性能好，同时又不影响钢结构和混凝土结构各自的受力性能[14]。

在实际吊装工程中，根据预制构件的种类、起吊方式以及安装预埋吊件的数量的不同，预埋吊件所承受的荷载，受力形式也不同。国外已经有专门针对预埋吊件的吊具系统设计及施工的规范，规范中提出，预埋吊件在起吊过程中受力形式主要分为拉拔、剪切和拉剪耦合三种，并对三种受力形式的外力计算给出了相应的计算公式。在我国实际吊装工程应用中，预埋吊件的拉拔和拉剪耦合的受力形式最为常见，在吊装柱、墙、板、梁等构件中均会出现此种受力形式，如图 1-3 所示。

图 1-3　预制构件吊装过程

Fig.1.3　Hoisting process of prefabricated component

1.1.3　问题的提出

装配式建筑结构的发展导致预埋吊件应用普遍，随着国内对预埋吊件需求量的迅速增大，我国急需对正在生产使用的预埋吊件的安全性能问题进行更深层次的研究，特别是对在实际工程中经常出现的拉拔和拉剪耦合力学性能的研究。目前国内预埋吊件生产厂家较多，笔者通过调研多家生产厂家，对其生产标准进行对比分析并结合国内外的相关规范，将我国对于预埋吊件在拉拔和拉剪耦合作用机制下的研究所存在的问题进行如下总结：

（1）指导规范：预埋吊件相关技术起源于国外，德国已经有专门针对吊具系统设计及施工的规范《Lifting Anchor and lifting Anchor Systems for concrete components》（VDI/BV-BS6205）[15]，规范中提出预埋吊件在起吊过程中受力形式主要分为拉拔、剪切和拉剪耦合三种。英国出台了专用于预埋吊件的规范《CEN/TR 15728》[16]，规范中对预埋吊件的分类进行了详细的说明，并给出了预埋吊件在拉拔、剪切和拉剪耦合作用力下不同破坏形式下的计算公式。而我国目前仍未出版任何关于预埋吊件的相关规范，我国的预埋吊件在生产和使用过程中的技术大多来自国外，生产和使用过程中无统一标准，安全性能得不到保障；

（2）研究现状：目前，国内对于预埋吊件的研究尚未深入，尤其是对于拉拔和拉剪耦合力学性能的研究，仍然停留在对锚栓和植筋的力学性能的分析和研究上，计算公式的提出也大多是根据国外的规范总结而来，对于国内预埋吊件的受力计算是否具有指导意义仍需进行更深入的研究；

（3）实际应用：在实际工程应用中，往往遇到复杂边界条件，比如边距、间距过小，埋深较浅等情况，在拉拔和拉剪耦合作用下的承载力势必受到折减，但是承载力折减系数至今不能实现量化，为预制构件的生产和使用过程中埋入了安全隐患。

1.2 研究目的及意义

针对目前国内对于预埋吊件研究所存在的问题和缺陷，我国急需编制一系列适合国内预埋吊件的检验标准或者规范，解决预埋吊件的生产和使用过程中，因无统一标准而产生的安全隐患问题。而相关标准和规范的制定，需通过对国内常用预埋吊件进行相关试验研究，本研究通过对国内常用预埋吊件的拉拔和拉剪耦合的力学性能进行试验研究。研究成果可为我国确定预埋吊件拉拔和拉剪耦合力学性能基本试验方法提供依据，并用于预埋吊件生产及应用中性能检验。另外通过对预埋吊件进行试验分析，总结影响承载力的主要因素，并给出不同影响因素下承载力的折减系数，消除实际工程中所存在的不必要的安全隐患。

进行预埋吊件产品的相关研究不仅能填补国内对于此类产品研究的空白，而且其研究结果对于编制适合国内的此类产品的检验标准和相关规范具有深远的意义。其研究成果的产生，有效减少了无检测标准带来的安全隐患，更好地实现该类产品标准的国际化，促进建筑产业化的快速发展，产生良好的社会效益和经济效益，满足建筑行业国际化发展的要求。

1.3 研究现状

关于预埋吊件的研究，国外起步早于国内，英国、美国以及德国已经出版了多部关于预埋吊件的规范，详细介绍了预埋吊件的分类，破坏形式，规定了不同破坏形式下的承载力计算公式以及承载力的影响因素等，而国内目前仍未出台任何关于预埋吊件的相关规范。

由于预埋吊件的受力形式、作用机理相似于锚栓和植筋，因此对于预埋吊件的拉拔和垃圾耦合力学性能研究可参考国内外对于锚栓和植筋的相关规范和研究。

1.3.1 国外研究现状

1.3.1.1 预埋吊件的相关研究现状

对于预埋吊件的研究，国外已经出版过多部相关规范，并进行了较为深入的研究[17-19]。

（1）2008年英国出版了关于预埋吊件的规范《CEN/TR 15728》，2016年对规范进行重新修订，成为目前国外关于预埋吊件产品比较完整的规范。规范中对预埋吊件的分类进行明确划分，将预埋吊件分为六大类。介绍了预埋吊件在受拉和受剪作用下的破坏形式，并给出预埋吊件在受拉和受剪时每种破坏形式下的承载力计算公式，并对预埋吊件在拉剪耦合作用下的承载力计算公式进行了规定。另外总结了预埋吊件在吊装和运输过程中，摩擦力和模板粘结力等对于承载力的影响以及相应的影响系数。

（2）2012年，德国出版了专门针对吊具系统设计及施工的规范《Lifting Anchor and lifting Anchor Systems for concrete components》（VDI/BV-BS6205），规范中提出，预埋吊件在起吊过程中受力形式主要分为拉拔、剪切、拉剪耦合三种，并对预埋吊件在不同受力下的破坏形式进行详细介绍，规定了吊具的选用标准以及外荷载作用下的相关计算。

（3）德国哈芬[20]作为国外预埋吊件的生产厂家之一，通过对比分析国外关于预埋吊件的规范，总结各规范的异同、适用范围以及研究成果[21-23]。规范中将CEN/TR 15728与BGR106进行对比，比较两者对于不同施工工艺下的承载力影响系数规定的异同，另外BGR106指出极限承载力的取值应由拔出破坏试验得出。

1.3.1.2 锚栓、植筋的相关研究现状

欧美对于锚固技术的研究较早，存在较为完善的规范，并且对于锚栓的拉拔和拉剪耦合力学性能研究也较为深入，其相关研究方式和结论值得国内借鉴。

（1）欧洲规范《ETAG001》[24-26]，不仅给出了锚栓在各种受力状态下的破坏形式，也提出了锚栓在拉拔、剪切和拉剪耦合作用下的承载力计算公式。同时该系列规范对拉拔和剪切的试验装置和基材混凝土试件的设计等也进行说明。值得一提的是，此类规范是针对锚栓在后锚固施工工艺下的相关规定。

（2）美国的相关锚固技术规范主要由美国混凝土协会ACI[27]和美国国际规

范协会ICC[28、29]这两个协会制定。其中美国规范《ACI 318》[30]对锚固系统在拉拔、剪切和拉剪耦合作用下的承载力计算公式都进行了说明，并对边缘距离，间距和厚度做了详细明确的要求。《ACI 318》是针对基材在现浇和后锚固工艺下的承载力修正系数进行规定，而欧洲规范《ETAG001》则是针对基材在后锚固工艺下的承载力修正系数进行规定。

（3）对于拉拔作用下锚栓的力学性能研究

1995年C.Ben Farrow和Richard E.Klingner[31]，通过在不同基材混凝土边距，不同锚栓个数等条件下进行拉拔试验，分析总结出混凝土发生锥体破坏时的承载力计算公式。

1993～1998年，RonaldA.Cook教授[32-34]致力于锚固系统的研究，通过在不同锚固深度下对锚栓系统进行拉拔试验，推导出不同破坏形式下的承载力计算公式，同时研究表明，锚固深度较小时极易发生锚栓拔出破坏，其中混凝土锥体破坏是最常发生的破坏形式，抗拉承载力随着锚固深度的增大而增大。

（4）对于拉剪耦合作用下锚栓的力学性能研究

Francis A Oluokun[35]通过总结以往经验，并结合CC计算方法，提出了单锚在受拉剪耦合作用力时承载力的计算方法。研究表明偏心距是影响锚栓在拉剪耦合作用下受力性能的主要影响因素。

综上可知，国外对于预埋吊件的研究较为深入，提出了预埋吊件在不同受力不同破坏形式下的承载力计算公式，并总结出影响承载力的主要因素为边距，混凝土强度，基材是否开裂，偏心距等。

1.3.2 国内研究现状

关于预埋吊件的研究，目前国内仍属于刚刚起步的阶段，尚未出版任何关于预埋吊件的规范。因预埋吊件同锚栓和植筋均属于锚固技术，故国内关于预埋吊件的早期研究可参考锚栓和植筋的研究方法和研究结果[36-39]。

1.3.2.1 预埋吊件的相关研究现状

目前国内仅有两位学者对预埋吊件进行研究：

（1）2016年，沈阳建筑大学的孙圳[40]，通过对24个素混凝土试件在混凝土强度相同、有无边距影响这两种情况下进行拉拔试验研究，观察拉拔作用下的破坏模式，分析试验过程中的荷载-位移曲线，并得出每种预埋吊件的极限承载力。研究结果表明，无边距影响下，预埋吊件多发生拉断破坏，有边距影响下，多发生锥体破坏，极限承载力均小于产品说明书中给出的名义荷载，安全系数比公司提供的2.5偏小。

（2）2017年，沈阳建筑大学的刘伟[41]，通过设置三个模型组，边距由100mm至150mm进行有限元模拟，分析边距对于预埋吊件抗拉承载力的影响。模拟结果表明，当边距由100mm增大到140mm时预埋吊件的抗拉承载力随着边距的增大而增大。当边距达到140mm后，承载力不再随着边距而无限增大，承载力趋于稳定。在拉拔试验中，存在着临界边距，模拟结果与规范中规定的$1.5h_{ef}$基本符合。

1.3.2.2 锚栓、植筋的相关研究现状

虽然国内关于预埋吊件的研究相对较少，但国内对于锚栓和植筋的研究已较为成熟。

（1）《混凝土结构后锚固技术规程》JGJ 145—2013[42]（以下均简称为《技术规程》）是目前国内较为完善的关于锚栓和植筋的规范。该规范中给出了基材在各种受力状态下的破坏形式，以及在后锚固工艺下植筋和锚栓的承载力计算公式，同《ETAG001》中给出的承载力计算公式相似。同时该系列规范对拉拔和剪切的试验装置和基材混凝土试件的设计等也进行说明。

（2）《混凝土用机械锚栓》JC/T 160—2017[43]规定了以普通混凝土为基材的膨胀型、扩孔型建筑锚栓的拉拔、剪切试验方法，对试件尺寸的设计和材料的选用都给出了详细规定。

（3）《混凝土结构设计规范》GB 50010—2010[44]介绍了传统预埋吊件吊环的相关施工工艺以及使用方法，并对埋置深度，材料的选取等进行了明确规定。

（4）对于拉拔作用下锚栓的力学性能研究：

2012年周萌[45]基于国内外相关规范，梳理影响抗拉承载力的主要因素。通过对化学锚栓的群锚在不同基材厚度，边距的条件下进行拉拔力学性能分析，试验表明，锚栓的抗拉承载力随着厚度的增大，边距的增大而呈增大的趋势。并进行了有限元模拟分析，结果表明有限元模拟结果与试验结果接近。

2015年王宪雄[46]对化学锚栓的群锚在不同锚板厚度的条件下进行了静力拉拔试验，并进行有限元模拟分析，试验结果表明，锚板厚度越大，截面上应变分布越均匀，试件的延性特性越明显。而且采用有限元分析得到的结果与试验结果相符。

（5）对于拉剪耦合作用下锚栓的力学性能研究：

1987年预埋件专题研究组[47]通过对340个试件进行纯剪、拉剪和弯剪的试验研究，总结了预埋件在不同受力形式下的力学性能，并提出了计算公式；

1988年国家机械工业委员会设计研究院[48]在预埋件专题研究组的研究基础下，结合现有规范，更进一步研究了预埋件在拉剪和拉弯剪作用下的受力性能并

给出计算公式。

2008年王清湘[49]等人通过总结分析以往小直径预埋件的相关试验，对直径分别为28mm，32mm的大直径预埋件在纯剪和拉剪的作用下进行试验，分析其破坏形式，总结其力学性能。研究表明大直径锚筋预埋件具有较好的力学性能，可以使用。

综上可知，国内对于预埋吊件的研究处于起步阶段，对于锚栓、预埋件的研究相对成熟，很多学者对其进行了深入的研究和分析[50-53]。锚栓和植筋的研究方法和研究结果可对预埋吊件的力学性能研究起到很好的铺垫作用，加快国内对预埋吊件的研究进程。

1.4 研究内容

基于国内外现有规范和相关研究，本研究主要完成以下内容:

（1）通过对国内外预埋吊件生产厂家进行调研，参考国内外相关规范，将目前常用的预埋吊件进行分类，以便更好地进行试验研究。

（2）借鉴国内外规范中对于受拉和受剪破坏形式的规定，探究在拉拔试验中可能出现的破坏形式；将国内外规范中关于预埋吊件或者锚栓、植筋等在拉拔和拉剪耦合作用下承载力极限状态的计算公式进行整理，并对比分析各规范的异同；归纳总结承载力的影响因素，并对每种影响因素进行详细分析。

（3）借鉴国内外规范以及已有的锚栓研究成果，设计出一套适合国内预埋吊件拉拔和拉剪耦合力学性能研究的试验方案。通过对国内已有的不同种类的预埋吊件制作的混凝土试件在不同影响因素下进行拉拔试验，观察试验中发生的破坏形式，分析其原因；探讨不同影响因素对于预埋吊件承载力的具体影响趋势；并将预埋吊件试验数据与各规范计算得出的理论值进行对比，验证各规范中承载力计算公式的合理性。

（4）通过对国内已有的几种预埋吊件制作的混凝土试件在同种影响因素下进行拉剪耦合试验，确定此试验方法是否可行。将试验数据代入国内外规范中规定的计算公式中进行计算，验证计算公式的合理性。

第 2 章　承载力计算公式及影响因素

2.1　预埋吊件的分类

预埋吊件的种类多样，其适用范围和构造形式不尽相同，使用功能也各有不同，为了便于对预埋吊件进行更深层次的研究，笔者将现有预埋吊件的分类进行重新梳理分析，以便总结出更适合研究进行的分类方式。根据课题组前期的研究，因传力途径的不同将预埋吊件分为三类：扩底类、异形钢筋类和其他扁钢类。笔者通过对国内外预埋吊件生产厂家进行调研，以及参考英国规范《CEN/TR 15728》，根据预埋吊件的传力途径、构造形式、适用范围，将现有预埋吊件分为六大类：扩底类、穿筋类、螺纹头端部异形类、撑帽式短柱、“短小版”扩底类、板状底部类。

（1）扩底类，底部扩大为圆形或者分叉形式，主要分为双头锚栓和分叉提升板件等，通过扩大底部，进而增大与基材混凝土的接触面积，提高承载力，如图 2-1（*a*）所示。通过端部的机械式联锁将轴向荷载传递给混凝土，剪切荷载则通过在顶部的嵌入式吊头向混凝土传递。

（2）穿筋类，即在孔洞内穿入带肋钢筋，弯成一定的形状后埋入混凝土构件内，如图 2-1（*b*）所示。这些预埋吊件使剪力直接从吊头转移到混凝土上，同时轴向力通过一个分离筋穿过预埋吊件上的孔洞被转移到混凝土中，荷载主要由带肋钢筋与混凝土的粘结力提供。

（3）螺纹头端部异形类，主要分为螺纹钢弯曲锚栓和提升管件等，如图 2-1（*c*）所示。这些预埋吊件应用一个简易的，带螺纹的吊头，目的是把其上边的荷载转移到预埋吊件上。轴向荷载通过一根焊接的钢筋被转移到混凝土上，这根钢筋或作为整体的一部分穿过吊件上的洞，或者作为一个内置钢筋（例如螺纹螺栓）包括在该受力整体中。

（4）撑帽式短柱，属于类型图 2-1（*a*）的短小款式，在预埋吊件的端部有一个扩头是承受荷载的区域，如图 2-1（*d*）所示。这些预埋吊件主要被用来吊装板和管道等构件，以承受轴向荷载和剪切荷载。

（5）“短小版”扩底类，如图 2-1（*e*）所示。这类预埋吊件埋置深度比较浅，用于吊装板和管道类构件。

（6）板状底部类，带有底板的螺纹的吊件安装在一个板上，提供一个承受轴向荷载的区域，如图 2-1（*f*）所示。这类吊件常用于吊装板类构件。

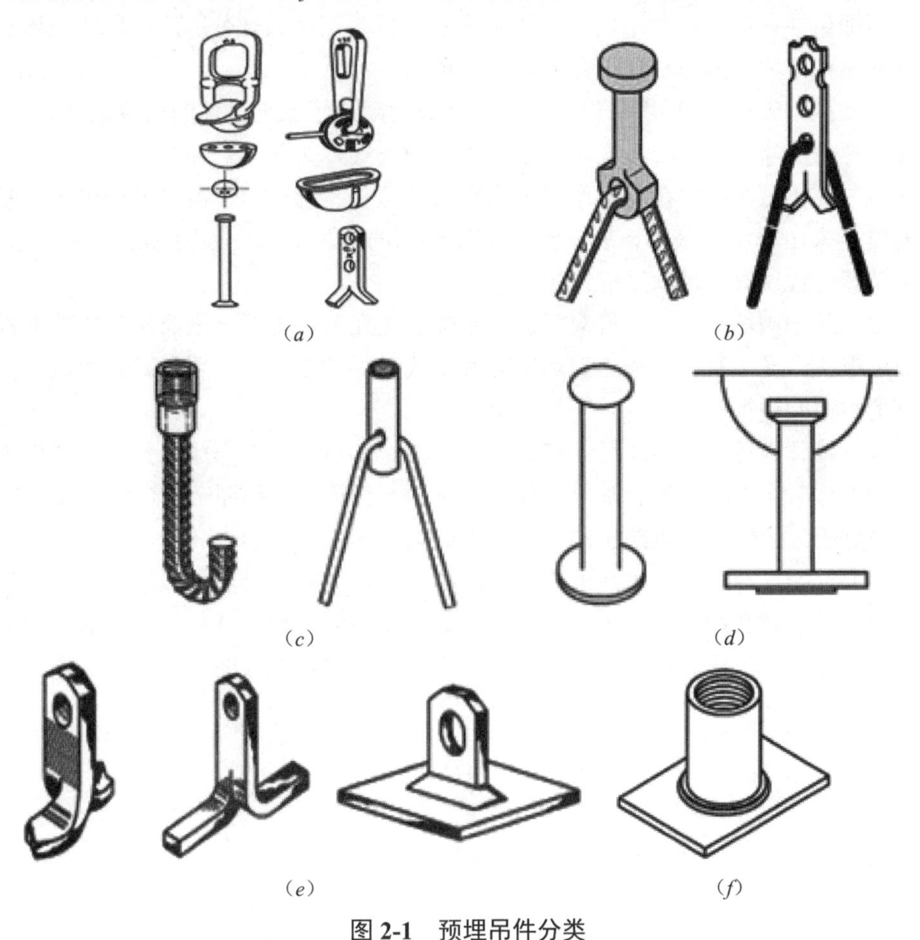

图 2-1　预埋吊件分类

Fig.2.1　Inserts classification

2.2　破坏形式

在吊装过程中，预埋吊件的受力形式主要分为拉拔、剪切和拉剪耦合三种，而其破坏形式却各种各样。依据国内规范《混凝土结构后锚固技术规程》JGJ 145—2013（以下统称《技术规程》）和国外规范《ACI318》、《CEN/TR 15728》中对破坏形式的相关规定，并综合考虑国内外对锚栓，植筋的破坏形式分析，可将预埋吊件的破坏形式主要分为受拉破坏和受剪破坏两种形式。

2.2.1 受拉破坏

预埋吊件在拉力作用下所发生的破坏主要发生在两大部分：预埋吊件破坏和基材混凝土破坏。具体形式可分为以下五种：

（1）拉断破坏：即预埋吊件所承受的拉拔力超过了预埋吊件的极限抗拉强度，造成预埋吊件断裂，属于预埋吊件破坏的一种形式，如图 2-2（*a*）所示。

（2）拔出破坏：即在拉力作用下预埋吊件从基材混凝土中被拉出的破坏，基材混凝土未出现明显破坏，属于预埋吊件破坏的一种形式，如图 2-2（*b*）所示。此类破坏可通过改变埋深进行控制。

（3）侧向破坏：由于基材混凝土边距较小，在基材混凝土侧面所形成的圆锥形破坏形式，属于基材混凝土破坏的一种形式，如图 2-2（*c*）所示。此类破坏可通过增大边距进行控制。

（4）锥体破坏：即预埋吊件在拉力作用下，基材混凝土形成以预埋吊件为中心的倒锥体破坏形式，属于基材混凝土破坏的一种形式，如图 2-2（*d*）所示。在预埋吊件附近加钢筋可以防止混凝土发生此类破坏。

（5）劈裂破坏：由于预埋吊件间距较小，基材混凝土沿着预埋吊件方向发生整体劈裂，或者在相邻预埋吊件轴线连接处产生裂缝，属于基材混凝土破坏的一种形式，如图 2-2（*e*）所示。此类破坏可通过增大间距进行控制。

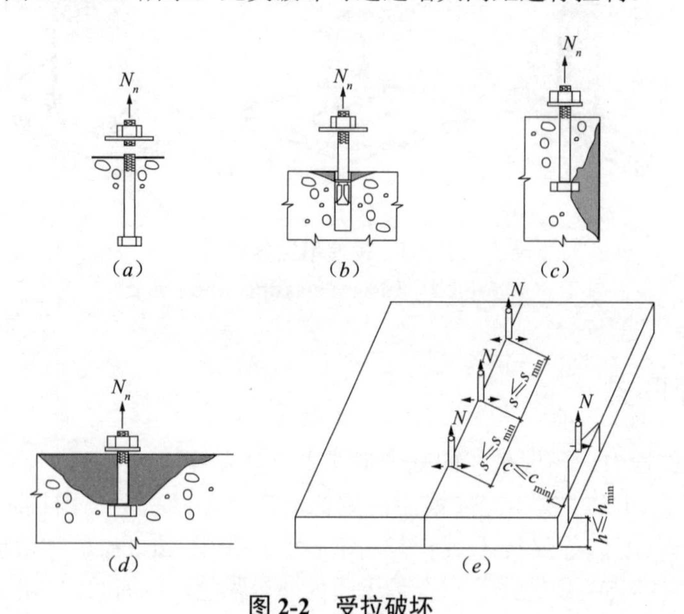

图 2-2 受拉破坏

Fig.2.2 Tensile failure

2.2.2　受剪破坏

预埋吊件在剪力作用下所发生的破坏主要发生在两大部分：预埋吊件破坏和基材混凝土破坏。具体形式可分为以下三种：

（1）剪断破坏：即预埋吊件在基材混凝土破碎前被剪断，属于预埋吊件破坏的一种形式。在此类情况下，预埋吊件抗剪强度较小，基材混凝土抗剪强度较大，预埋吊件所承受的剪切力超过了预埋吊件的极限抗剪强度，造成预埋吊件断裂，属于延性破坏，如图 2-3（*a*）所示。此类破坏多发生在边距较大的条件下，因此可以通过控制边距来减少此类破坏模式。

（2）剪撬破坏：即沿荷载方向，预埋吊件前方少部分基材混凝土先被压碎，随后基材混凝土会在荷载反方向的一侧发生大部分破坏，属于基材混凝土破坏的一种形式，如图 2-3（*b*）所示。此类破坏多发生在预埋吊件埋深不足的条件下，因此可以通过控制埋深来减少此类破坏模式。

（3）楔形体破坏：在边距小，边缘无加固钢筋的情况下，预埋吊件受剪时发生混凝土边缘半锥体破坏，属于基材混凝土破坏的一种形式。如图 2-3（*c*）所示。此类破坏可通过在预埋吊件附近进行加固处理来控制。

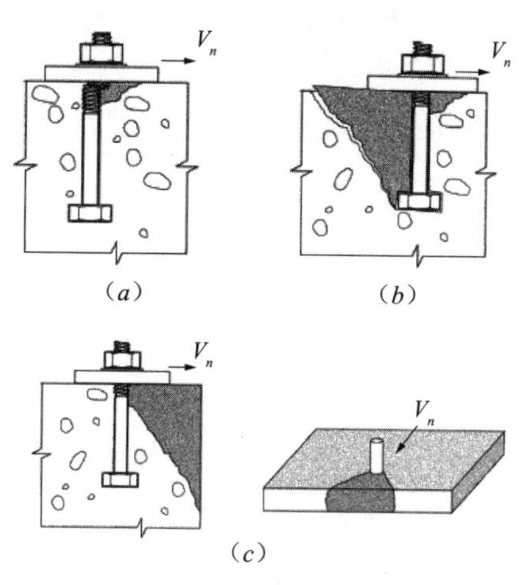

图 2-3　受剪破坏

Fig.2.3　Shear failure

2.3　承载力计算公式及影响因素

关于预埋吊件承载力的研究，国外起步早于国内，但大多是对锚栓承载力的研究。美国规范《ACI 318》对锚固系统在拉拔、剪切和拉剪耦合作用下的承载力计算公式都进行了说明。欧洲规范《ETAG001》也给出了锚栓在各种受力状态下的承载力计算公式。不同的是，《ACI 318》针对基材在现浇和后锚固工艺下的承载力修正系数进行规定，而《ETAG001》只是针对基材在后锚固工艺下的承载力修正系数进行规定。此外，2008年英国出版了关于预埋吊件的规范《CEN/TR 15728》，2016年对规范进行重新修订，成为目前国外关于预埋吊件产品的比较完整的规范。规范中对预埋吊件的分类进行了详细的说明，并给出了预埋吊件在受拉、受剪和拉剪耦合作用下发生不同破坏形式时的计算公式。

国内目前还没有关于预埋吊件的相关规范，对于预埋吊件的承载力研究只能参考《混凝土结构后锚固技术规程》JGJ 145—2013（以下均简称为《技术规程》)。该规范中给出了基材在后锚固工艺下植筋和锚栓的承载力计算公式，同《ETAG001》中给出的承载力计算公式相似。由于欧洲规范《ETAG001》与国内规范《技术规程》中关于锚固系统的承载力计算公式相似，故本章节只对《技术规程》、《ACI 318》和《CEN/TR 15728》中的承载力计算公式进行总结对比。

根据国内外对承载力计算公式的规定和预埋吊件产品说明书，整理出承载力影响因素，并对各类影响因素做详尽的分析。

2.3.1 抗拉承载力计算公式

2.3.1.1 各规范中的抗拉承载力计算公式

（1）《技术规程》

1）拉断破坏

$$N_{\mathrm{Rd,s}}=N_{\mathrm{Rk,s}}/\gamma_{\mathrm{RS,N}} \tag{2-1}$$

$$N_{\mathrm{Rk,s}}=A_{\mathrm{s}}f_{\mathrm{yk}} \tag{2-2}$$

2）锥体破坏

$$N_{\mathrm{Rd,c}}=N_{\mathrm{Rk,s}}/\gamma_{\mathrm{Rc,N}} \tag{2-3}$$

$$N_{\mathrm{Rk,c}}=N_{\mathrm{Rk,c}}^{0}\frac{A_{\mathrm{c,N}}}{A_{\mathrm{c,N}}^{0}}\varphi_{\mathrm{S,N}}\varphi_{\mathrm{re,N}}\varphi_{\mathrm{ec,N}} \tag{2-4}$$

其中，混凝土不开裂时，$N_{\mathrm{Rk,c}}^{0}=9.8\sqrt{f_{\mathrm{cu,k}}}h_{\mathrm{ef}}^{1.5}$　　(2-5)

混凝土开裂时，$N_{\mathrm{Rk,c}}^{0}=7.0\sqrt{f_{\mathrm{cu,k}}}h_{\mathrm{ef}}^{1.5}$　　(2-6)

3）劈裂破坏

$$N_{\mathrm{Rd,sp}}=N_{\mathrm{Rk,sp}}/\gamma_{\mathrm{Rsp}} \tag{2-7}$$

$$N_{\mathrm{Rk,}sp}=\varphi_{\mathrm{h,sp}}N_{\mathrm{Rk,c}} \tag{2-8}$$

$$\varphi_{h,sp}=(h/2h_{min})^{2/3} \tag{2-9}$$

（2）《ACI 318》

1）拉断破坏

$$N_{sa}=nA_{se}f_{uta} \tag{2-10}$$

2）锥体破坏

群锚：
$$N_{cbg}=\frac{A_{nc}}{A_{nc0}}\varphi_{ec,n}\varphi_{ed,n}\varphi_{c,n}\varphi_{cp,n}N_b \tag{2-11}$$

单锚：
$$N_{cbg}=\frac{A_{nc}}{A_{nco}}\varphi_{ed,n}\varphi_{c,n}\varphi_{cp,n}N_b \tag{2-12}$$

$$N_b=k_c\sqrt{f_c'}h_{ef}^{1.5} \tag{2-13}$$

其中，采用现浇工艺时，$k_c=10$；采用后锚固工艺时，$k_c=7$。

3）侧向破坏

$$N_{sb}=13c_{a1}\sqrt{A_{brg}}\sqrt{f_c'} \tag{2-14}$$

（3）《CEN/TR 15728》

1）拉断破坏

$$N_{Rd,s}=f_{yd}\times A_s \tag{2-15}$$

2）锥体破坏

$$N_{Rd,c}=N_{Rd,c}^{0}\times\frac{A_{c,N}}{A_{c,N}^{0}}\psi_{s,N}\times\psi_{re,N}\times\psi_{ec,N} \tag{2-16}$$

$$N^{0}{}_{Rd,c}=\frac{K_N}{r_c\times r_{1+h}}\times\sqrt{f_{c,cube}}\times h_{ef}{}^{1.5} \tag{2-17}$$

$$N^{0}{}_{Rk,c}=K_N\times\sqrt{f_{c,cube}}\times h_{ef}{}^{1.5} \tag{2-18}$$

规范中推荐 K_N 取 11.9。

3）拔出破坏

$$N_{Rd,c}=\frac{\pi\cdot\psi\cdot l_{bd}\cdot f_{bd}}{\sum a} \tag{2-19}$$

其中，预埋吊件不配置加强筋时：$\sum a=\alpha_1\cdot\alpha_2$

预埋吊件配置加强筋时：$\sum a=\alpha_1\cdot\alpha_2\cdot\alpha_3\cdot\alpha_4$

4）侧向破坏

$$N_{RK}=11.4\cdot c\cdot\sqrt{\frac{\pi}{4}\left(d_h^2-d^2\right)}\sqrt{f_{ck}} \tag{2-20}$$

国内外三个规范中，专用于预埋吊件的规范《CEN/TR 15728》对拔断破坏、锥体破坏、拔出破坏和侧向破坏模式下的承载力计算公式进行规定，适应于锚栓的《ACI 318》规范中同样提出了锚栓在拉断破坏、锥体破坏和侧向破坏模式下的承载力计算公式，而国内仅有的关于锚栓和植筋的规范《技术规程》提出劈裂破坏模式下的承载力计算公式，但是未对侧向破坏下的承载力计算公式进行说明。

2.3.1.2 抗拉承载力计算公式对比分析

对比国内外三个规范中的承载力计算公式，可从适用范围、锥体破坏公式影响系数等方面进行对比分析。

（1）适用范围

从适用范围方面看，《CEN/TR 15728》是唯一一本专用于预埋吊件的规范，承载力计算公式适用于现浇施工工艺，《ACI 318》规范适用于锚栓，承载力计算公式在后锚固和现浇施工工艺下均适合，国内规范《技术规程》中规定的承载力计算公式适用于后锚固施工工艺下的植筋和锚栓的计算。另外，《CEN/TR 15728》的计算公式只适用于独立的单一预埋吊件，并未提出多个预埋吊件作用下的承载力计算公式，而《技术规程》和《ACI 318》则对单锚和群锚的计算公式均进行了说明；

（2）承载力计算公式影响系数

在拉拔试验中的各类破坏模式中，锥体破坏是拉拔试验中最常发生的破坏模式，由规范中的承载力计算公式可知，混凝土强度、埋置深度、试件边距、表面配筋和荷载偏心等因素均对锥体破坏承载力有相应的影响，计算公式通常为基准公式与各种因素的影响系数的乘积，现对国内外规范中的计算公式进行对比分析，详见表 2-1。

锥体破坏影响系数 **表 2-1**

Correction parameters of cone failure **Tab.2.1**

修正参数	《技术规程》	《ACI 318》	《CEN/TR 15728》
基准公式	$N^0_{\mathrm{Rk,c}}=k\sqrt{f_{\mathrm{cu,k}}}h_{\mathrm{ef}}^{1.5}$	$N_{\mathrm{b}}=k_{\mathrm{c}}\sqrt{f_{\mathrm{c}}'}h_{\mathrm{ef}}^{1.5}$	$N^0_{\mathrm{Rd,c}}=\frac{K_{\mathrm{N}}}{r_{\mathrm{c}}\times r_{\mathrm{1+h}}}\sqrt{f_{\mathrm{c,cube}}}h_{\mathrm{ef}}^{1.5}$
施工工艺	后锚固	基材未裂，现浇修正系数 1.25 基材未裂，后锚固修正系数 1.4	现浇
开裂影响	基材开裂 $k=7.0$； 基材未裂 $k=9.8$	基材开裂，现浇 $k_{\mathrm{c}}=10$， 后锚固 $k_{\mathrm{c}}=7$； 基材未裂，现浇 $k_{\mathrm{c}}=12.5$， 后锚固 $k_{\mathrm{c}}=9.8$	$K_{\mathrm{N}}=11.9$

续表

修正参数	《技术规程》	《ACI 318》	《CEN/TR 15728》
边距影响	$\varphi_{s,N}=0.7+0.3\frac{c}{1.5h_{ef}}\leqslant 1$	$\varphi_{ed,N}=0.7+0.3\frac{c}{1.5h_{ef}}\leqslant 1$	$\varphi_{s,N}=0.7+0.3\frac{c}{c_{cr,N}}\leqslant 1$
配筋影响	$\varphi_{re,N}=0.5+\frac{h_{ef}}{200}\leqslant 1$	—	$\varphi_{re,N}=0.5+\frac{h_{ef}}{200}\leqslant 1$
偏心影响	$\varphi_{ec,N}=\frac{1}{1+2e_N/3h_{ef}}$	$\varphi_{ec,N}=\frac{1}{1+2e_N^{'}/3h_{ef}}$	$\varphi_{ec,N}=\frac{1}{1+2e_N/s_{cr,N}}$
混凝土强度	混凝土强度为C20～C60	混凝土强度为C20～C25或C50～C60	混凝土强度最少为C15

总结上表可得出以下结论:

1）在后锚固施工工艺下，《ACI 318》规定基材在未开裂情况下对预埋吊件的抗拉承载力修正系数为1.4，《技术规程》同样为1.4。在现浇施工工艺下，《ACI 318》规定基材在未开裂情况下对预埋吊件的抗拉承载力修正系数为1.25，而《CEN/TR 15728》中未考虑此修正系数。

2）关于边距C对受拉承载力的影响系数，《CEN/TR 15728》给出了与《ACI 318》及《技术规程》相同的计算公式，三个规范都说明当边距影响系数的计算值大于1.0时应取1.0，由此可知当基材混凝土发生锥体破坏时其受拉承载力不会随边距的增加而无限增大，即存在一个临界边距 $C_{cr,N}$，当预埋吊件到基材边缘距离小于临界边距 $C_{cr,N}$ 时，抗拉承载力会随着边距的增加而提高，当边距大于 $C_{cr,N}$ 时，则承载力大小不受边距影响。其中《CEN/TR15728》、《ACI 318》和《技术规程》中规定的临界边距均为 $1.5h_{ef}$。

3）三个规范中，《CEN/TR 15728》和《技术规程》对锚固区配筋的影响系数进行了规定，《ACI 318》未提到，配筋对于抗拉承载力的影响系数。《CEN/TR 15728》和《技术规程》明确规定，运用公式计算得出的结果大于1.0时，取值为1.0即可，锚固区钢筋的间距大于等于150mm或者配筋所用钢筋的直径小于等于10mm并且钢筋的间距大于等于100mm的情况下，配筋剥离影响系数仍1.0。可以看出锚固区配筋会在一定程度上影响预埋吊件的抗拉承载力。

4）三个规范均对荷载偏心影响系数进行了规定，而且计算公式基本一致，均规定，其影响系数均小于等于1.0，大于1.0时仍取值为1.0。

5）关于混凝土强度这一重要影响参数，《CEN/TR 15728》中规定的允许强度值略低于另外两个规范中的最小规定值，从而可以看出可将预埋吊件应用于低混凝土强度的预制构件的吊装。

（3）分项系数

三个规范的承载力设计值均采用安全系数法，将各种破坏的承载力标准值除以分项系数，也就是安全系数得到设计值，或者将承载力标准值乘以折减系数，以此进行预埋吊件承载力的设计应用。《技术规程》根据构件是否为结构构件、破坏形态两个因素规定安全系数，其中对于结构构件，混凝土锥体、劈裂破坏的分项系数均为3，楔形体、剪撬破坏分项系数均为2.5，锚栓破坏分项系数为1.3。《ACI318》按照锚栓形式以及受拉、受剪破坏的工况规定承载力折减系数，锚栓的强度由塑性钢构件强度决定时，拉力剪力下的折减系数分别为0.80和0.75；锚栓的强度由脆性钢构件强度决定时，拉拔和剪切作用下的折减系数分别为0.70和0.65；锚栓的强度由混凝土破坏，抗拉强度或者撬拔强度控制的时候，折减系数均为0.85。《CEN/TR 15728》规定：外荷载影响系数 γ_{load} 通常取为1.35；吊装过程影响系数 γ_{1+h} 由于破坏形式决定，预埋吊件破坏时为1.8，混凝土或者尾筋破坏时为1.5；当发生预埋吊件破坏时，分项系数 γ_s 由钢材的材料所决定，比如，材料为钢结构时取值为1.25，当发生混凝土破坏时分项系数 γ_c 为1.5，当发生尾筋破坏时分项系数 γ_s 为1.15。

2.3.2 拉剪耦合承载力计算公式

现将各规范中对拉剪耦合承载力的计算公式总结如下。

（1）《技术规程》

1）预埋吊件破坏

$$(N_{sd} / N_{Rd,s})^2 + (V_{sd} / V_{Rd,s})^2 \leqslant 1 \tag{2-21}$$

$$N_{Rd,s} = N_{Rk,s} / \gamma_{Rs,N} \tag{2-22}$$

$$V_{Rd,s} = V_{Rk,s} / \gamma_{Rs,V} \tag{2-23}$$

2）混凝土破坏

$$(N_{sd} / N_{Rd,c})^{1.5} + (V_{sd} / V_{Rd,c})^{1.5} \leqslant 1 \tag{2-24}$$

$$N_{Rd,c} = N_{Rk,c} / \gamma_{Rc,N} \tag{2-25}$$

$$V_{Rd,c} = V_{Rk,c} / \gamma_{Rc,V} \tag{2-26}$$

群锚计算时，需将 N_{sd}，V_{sd} 替换成 N^h_{sd}，V^h_{sd}

（2）《ACI 318》

如果 $V_{ua} \leqslant 0.2\phi V_n$，那么拉力允许在 $\phi N_n > N_{ua}$；

如果 $N_{ua} \leqslant 0.2\phi N_n$，那么拉力允许在 $\phi V_n > V_{ua}$；

如果 $V_{ua} > 0.2\phi V_n$ 和 $N_{ua} > 0.2\phi N_n$，那么 $N_{ua}/\phi N_n + V_{ua}/\phi V_n < 1.2$。

剪力和拉力的相关性通常由下列公式表示：

$$(N_{ua}/\phi N_n)^{\xi}+(V_{ua}/\phi V_n)^{\xi}<1.0 \tag{2-27}$$

ξ 一般取值为 5/3。相关性方程的示意图如图 2-4 所示，

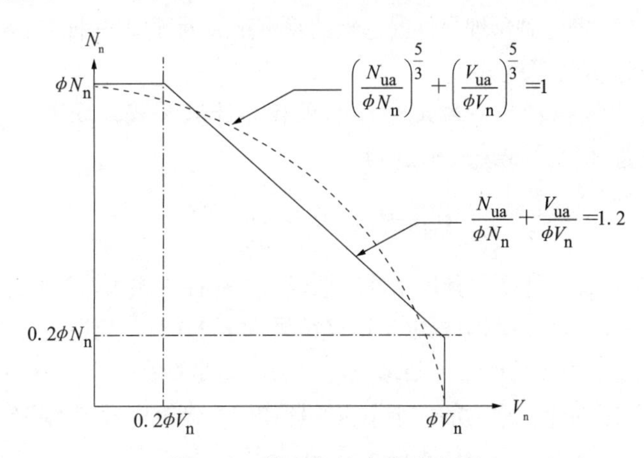

图 2-4 剪力和拉力相关方程

Fig.2.4 Shear and tensile load interaction equation

（3）《CEN/TR 15728》

1）预埋吊件破坏

$$(N_{Ed}/N_{Rd,s})^2+(V_{Ed}/V_{Rd,s})^2\leqslant 1.0 \tag{2-28}$$

2）混凝土破坏

$$(N_{Ed}/N_{Rd,c})^{1.5}+(V_{Ed}/V_{Rd,c})^{1.5}\leqslant 1.0 \tag{2-29}$$

3）混合破坏时

$$(N_{Ed}/N_{Rd})^{5/3}+(V_{Ed}/V_{Rd})^{5/3}\leqslant 1.0 \tag{2-30}$$

三个规范中对拉剪耦合承载力的计算公式的规定基本相同，《CEN/TR 15728》结合了《技术规程》、《ACI 318》中的计算方法，形成比较完善的拉剪耦合计算公式，可适用于预埋吊件的拉剪耦合力学性能检测。

2.3.3 承载力影响因素

2.3.3.1 抗拉承载力影响因素

根据国内外各规范对于抗拉承载力计算公式的规定以及预埋吊件的产品说明书，可将影响抗拉承载力的主要因素总结为内部因素和外部因素两大部分，内部因素包含预埋吊件的有效埋深、基材边距、基材厚度、混凝土强度等；外部因素主要为吊装过程中吊装系统产生的动力影响系数等。

（1）有效埋置深度

由承载力计算公式可知，预埋吊件的承载力与其埋深的1.5次方成正比例的关系，随着埋深的增加，其承载力也随之增大。《技术规程》和《ACI 318》中将埋深规定为混凝土破坏面的深度，即混凝土表面至埋入锚栓底部的距离。《CEN/TR 15728》中规定从混凝土的表面到预埋吊件最远点的垂直距离为预埋吊件的有效埋置深度。

（2）基材边距与厚度

规范中提出的锚栓或者预埋吊件的承载力计算公式，均考虑了边距影响系数，其折减系数计算公式统一确定为：

$$\varphi_{\mathrm{ed,N}}=0.7+0.3\frac{c}{1.5h_{\mathrm{ef}}}\leqslant 1 \tag{2-31}$$

由（2-31）可知，边距与预埋吊件的承载力成线性正相关，随着边距的增大其承载力也随之增大。但是规范中规定当计算结果大于1.0时，仍取值为1.0，说明承载力并不是随着边距的增长而呈无限增长的趋势，而是存在一个临界边距，超过临界边距后，增长边距对于承载力的大小不再发挥作用。规范中规定此临界边距为$1.5h_{\mathrm{ef}}$。

对于基材的厚度，《技术规程》中规定基材厚度应不小于$2h_{\mathrm{ef}}$，并不小于100mm。在吊装过程中，基材的厚度的大小可影响荷载的传递，厚度大的构件能够使荷载得到有效传递，避免基材表面开裂，影响承载力。

（3）混凝土强度与种类

混凝土作为影响承载力的重要参数，首先混凝土强度的大小可直接影响到预埋吊件的承载力，强度越高，预埋吊件与混凝土的粘结能力越好，预埋吊件的承载力越高。但是承载力的大小并不会随着混凝土强度的提高而无限增长，预埋吊件本身力学性能对其极限荷载值也有影响。因此，国内外规范中对混凝土强度进行了明确规定，《技术规程》提出了混凝土强度的取值范围为C20～C60混凝土强度;《ACI 318》中规定混凝土强度为C20～C25或C50～C60;《CEN/TR 15728》中规定的允许强度值略低于另外两个规范中的最小规定值，最小值为C15。

另外混凝土的种类也会对预埋吊件的承载力有所影响，由于轻骨料混凝土的大量使用，预埋吊件在轻骨料预制构件的吊装过程中的应用也越加广泛。《ACI 318》规范中对轻型混凝土的承载力公式进行了规定，在普通商品混凝土的承载力计算公式基础之上，承载力应乘以混凝土抗压强度的影响系数，全轻混凝土折减系数为0.75，轻集料混凝土为0.85，若基材采用部分灌砂法时，其吊件承载力计算应采用插值法乘以相应的折减系数。

（4）动力影响系数

在实际吊装和运输过程中，预制构件和吊装设备均应该满足动力作用的影响，动力作用的大小跟吊装机械的类型有关。通常情况下，动力对结构构件的影响可通过动力系数 ψ_{dyn} 来衡量，动力系数可按表 2-2 中给出的数值进行取值。

动力影响系数　表 2-2

Dynamic influence coefficient　Tab.2.2

动力影响	动力系数（ψ_{dyn}）
塔式、桥式或者门式起重机	1.2
移动起重机	1.4
平坦地面进行吊装和移动	2 ～ 2.5
粗糙地面进行吊装和移动	3 ～ 4

动力系数的存在必然会导致承载力的变化，《CEN/TR 15728》中规定基于吊装的情况，作用力 E_d 应由下边的公式进行计算：

$$E_{d,dyn}=\psi_{dyn}\times G\times\gamma_{load}或者E_{dyn}=\psi_{dyn}\times G \tag{2-32}$$

2.3.3.2　拉剪耦合承载力影响因素

预埋吊件在拉剪耦合作用下的影响因素，除了包括拉拔和剪切的影响因素外，还应包括吊装时扩展角等影响因素。

在吊装预制构件时往往采用“两点吊”或者“四点吊”的起吊方式，如图 2-5（*a*）、（*b*）所示。扩展角就是吊具的绳索与竖直方向的夹角，如图 2-5（*c*）中的 β 所示，随着 β 的变化，预埋吊件承受的拉拔力和剪切力也随之发生变化，每根绳索承受的荷载也随之变化。其中预埋吊件的产品说明书和相关规范中，规定 β 的取值范围为 0°～ 60°。

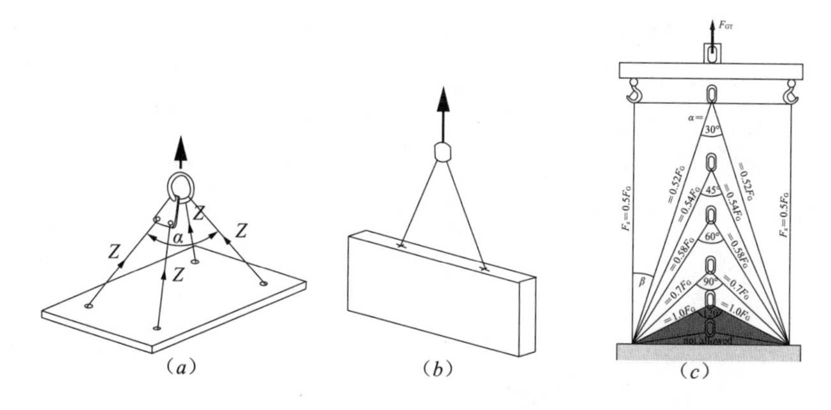

图 2-5　吊装方式和扩展角

Fig.2.5　Hoisting method and expansion angle

2.4 本章小结

本章主要针对预埋吊件的基本理论进行阐述，通过对国内外预埋吊件产品进行调研分析，将预埋吊件进行分类。依据国内外关于预埋吊件和锚栓、植筋等相关规范，总结预埋吊件的破坏形式，并对每种破坏形式进行原因分析。对比分析国内外关于预埋吊件拉拔和拉剪耦合作用下的承载力计算公式，对影响承载力的因素进行详细分析。

（1）预埋吊件分类：通过调研分析，将预埋吊件分为六类，分别为扩底类、穿筋类、螺纹头端部异形类、撑帽式短柱、“短小版”扩底类、板状底部类。并对每种类型的特点进行较为详细的分析总结。

（2）破坏形式：预埋吊件在吊装基材混凝土试件时，主要的破坏形式为受拉破坏和受剪破坏。其中，受拉破坏分为预埋吊件的拉断破坏和拔出破坏、混凝土的锥体破坏、劈裂破坏以及侧向破坏五种破坏模式。受剪破坏分为预埋吊件的剪断破坏、混凝土的剪撬破坏和楔形体破坏三种破坏模式。其中混凝土的锥体破坏和楔形体破坏是预埋吊件在拉拔和剪切试验中理想的破坏形式。通过总结以上两种破坏形式，可知预埋吊件在拉剪耦合作用下产生的破坏主要发生在预埋吊件和混凝土这两个部分。

（3）承载力计算公式：本章主要对《CEN/TR 15728》、《ACI 318》和《技术规程》中的抗拉和拉剪耦合承载力计算公式进行总结。并在适用范围、锥体破坏公式影响系数和分项系数等方面对拉拔承载力计算公式进行对比分析，分析异同。

（4）承载力影响因素：通过总结分析预埋吊件在不同破坏形式下的承载力计算公式，梳理承载力的影响因素。承载力的影响因素主要分为内因外因两部分，内部因素包括预埋吊件的有效埋深、基材边距、基材厚度、混凝土强度等；外部因素主要为吊装过程中吊装系统产生的动力影响系数，拉剪耦合作用下的扩展角等。并对每个因素的影响趋势进行了详尽的分析。

第3章 试验方案

3.1 试验目的

课题组前期已经对部分预埋吊件进行了拉拔试验和有限元模拟研究，并得出重要的结论，研究成果对于预埋吊件在国内的发展具有很大的价值意义，有助于推进预埋吊件的应用和发展，对此试验的进行和研究具有一定的指导意义。现将前期的主要研究成果总结如下：

（1）通过对第一类中的双头锚栓，第三类中的螺纹钢弯曲锚栓、提升管件和螺杆锚栓，第四类中的楼板元件-圆锥头吊装锚栓和第六类中的平板提升管件在有无边距影响的条件下分别进行了拉拔试验，分析试件的破坏形式，并得出预埋吊件的极限承载力，证明试验方案的可行性。进行有限元模拟分析，将模拟结果与试验结果进行对比，验证安全系数的合理性。另外也得出埋深和直径对于预埋吊件抗拉承载力的影响趋势。

（2）通过对扩底类预埋吊件进行有限元分析，得出边距对于抗拉和抗剪承载力的影响，并分析得出临界边距，同时验证了混凝土强度对承载力的影响。

在前期试验和有限元模拟分析的基础下进行本次拉拔和拉剪耦合试验，进而解决以下问题：

（1）对第2章所提到的6类共7种预埋吊件根据工程实际进行试件尺寸设计，进行拉拔试验，观察预制混凝土试件在加载后预埋吊件及混凝土的破坏过程和破坏特点，并对出现的破坏形态进行深入分析，查明原因，验证该试验方案的可行性；

（2）通过对同一尺寸的同种预埋吊件在不同边距条件下进行拉拔试验，分析荷载-位移，验证前期模拟中提出的边距对吊件承载力的影响结论的正确性。通过对不同尺寸的同种预埋吊件进行拉拔试验，分析荷载-位移，得出埋深对预埋吊件承载力的影响；

（3）将试验得出的极限抗拉承载力与根据国内外规范中计算得出的理论值进行比较，验证国内外规范对于国内预埋吊件承载力计算的适用性；

（4）对其中三种预埋吊件进行拉剪耦合试验，得出拉剪耦合承载力，验证试验方案的可行性，并对国内外规范中给出的拉剪耦合计算公式的正确性进行验证。

3.2 试验内容

（1）为了深入研究预埋吊件的拉拔力学性能，本试验选取了六类七种共54个预埋吊件，按照产品说明书、规范要求和实际工程需要将其设计成18组共54个基材混凝土试件。其中，本试验设计了9组对比试验，通过选用不同高度的同种预埋吊件，在基材混凝土完全一样的情况下进行拉拔试验，分析荷载-位移，进而得出埋深对于承载力的影响；本试验设计了4组对比试验，通过选用完全相同的预埋吊件，在不同基材边距的情况下进行拉拔试验，分析荷载-位移，进而得出边距对于承载力的影响。

（2）为了深入研究预埋吊件的拉剪耦合力学性能，本试验选取了三类三种共18个预埋吊件，并将其设计成组共9个混凝土试件。在扩展角均为30°的情况下进行拉剪耦合试验，得出荷载-位移曲线，进而验证试验方案的可行性。

3.3 试验材料

本次试验所用材料主要为商品混凝土，钢筋和预埋吊件三部分。材料的选用需遵循国内外规范、预埋吊件产品说明书中的相关规定以及结合实际的试验需求和条件。

3.3.1 混凝土

基材混凝土：采用商品混凝土如图3-1，其参数见表3-1。

图3-1 商品混凝土
Fig.3.1 Commercial concrete

混凝土参数　　表 3-1

Concrete parameter　　Tab.3.1

编号	尺寸（mm×mm×mm）	实测压力（kN）	实测立方体抗压强度（MPa）	平均值（MPa）
SJ-1	150×150×150	322	14.31	15.47
SJ-2	150×150×150	364	16.18	
SJ-3	150×150×150	358	15.91	
SJ-4	150×150×150	333	14.78	
SJ-5	150×150×150	345	15.34	
SJ-6	150×150×150	367	16.30	

3.3.2 预埋吊件

为了更具代表性，本试验选用的预埋吊件涵盖了目前国内外预埋吊件的全部类型。预埋吊件由 A 公司直接提供，根据第 2 章的分类，共选用六类七种 72 个预埋吊件，具体的参数见表 3-2。

A 公司预埋吊件相关参数　　表 3-2

Related parameters of inserts of A company　　Tab.3.2

名称	安全系数	安全荷载（kN）	直径（mm）	高度（mm）	数量（个）
TPA-FS 型伸展锚钉	2.5	14	—	160	3
	2.5	25	—	150	3
圆锥头端眼锚栓	2.5	13	10	68	3
	2.5	25	16	90	9
提升管件	2.5	12	16	61	9
	2.5	20	20	73	3
联合锚栓	2.5	5	12	100	6
	2.5	12	16	130	12

续表

名称	安全系数	安全荷载（kN）	直径（mm）	高度（mm）	数量（个）
楼板元件-圆锥头吊装锚栓	2.5	13	10	68	6
	2.5	25	16	85	6
TPA-FF型平足锚钉	2.5	14	—	65	3
	2.5	25	—	75	3
平板提升管件	2.5	5	12	30	3
	2.5	12	16	36	3

现将试验所选用的预埋吊件进行简要介绍，为基材混凝土试件的设计提供理论依据。

（1）TPA-FS型伸展锚钉：如图3-2（*a*）所示，属于第一类预埋吊件，底部开叉的板状锚钉，通过开叉增大底部，均匀的将荷载传递给周围混凝土，与混凝土之间形成良好的粘结作用。一般适用于柱、梁、桁架、双T板及墙体构件的吊装，其负荷范围为1.4～22t。

（2）圆锥头端眼锚栓：如图3-2（*b*）所示，属于第二类预埋吊件，此类预埋吊件在使用时一般需配置尾筋，一方面尾筋可以传递荷载，另一方面在构件底部开裂或者破坏时，可利用尾筋与混凝土的粘结能力，防止预埋吊件拔出而导致构件脱落引发危险。此类预埋吊件主要用于薄混凝土构件，例如薄桁架单元和预应力梁中，其负荷范围为1.3～20t。

（3）提升管件：如图3-2（*c*）所示，属于第三类预埋吊件，带螺纹的吊头底部留有孔洞，便于尾筋的穿入，使锚固力通过钢筋传递到混凝土中。特别要注意的是，尾筋安装时必须与孔底边缘完全接触。此种预埋吊件主要用于混凝土强度低的墙体或预制墙体的吊装，其负荷范围为0.5～6.3t。

（4）联合锚栓：如图3-2(*d*) 所示，属于第一类预埋吊件，实际吊装工程中，带螺纹的吊头需配置专用吊具，本试验因装置、环境条件的限制，可配置同尺寸的螺栓与刚性连接进行焊接。其传力途径也是通过扩大的底部将荷载传递给周围混凝土，此种预埋吊件可用于各种形式的预制混凝土构件的吊装，其负荷范围为0.5～12.5t。

（5）楼板元件-圆锥头吊装锚栓：如图3-2（*e*）所示，属于第四类预埋吊件，是第一类预埋吊件中双头锚栓的短小版，主要用来吊装板类和横梁等小型预制构件，其负荷范围为 1.3 ～ 32t。

（6）TPA-FF 型平足锚钉：如图 3-2（*f*）所示，属于第五类预埋吊件，形状类似与第一类预埋吊件中的 TPA-FS 型伸展锚钉，同样是通过开叉增大底部均匀的将荷载传递给周围混凝土，与混凝土之间形成良好的粘结作用。不同的是其高度缩小，开叉变大，更适合于垂直吊装大表面、薄壁的预制件，比如天花板等。另外，为保证荷载的有效传递，需配置加固钢筋，一般将 4 根钢筋成“井字形”放置在锚脚上部。此类预埋吊件的负荷范围为 1.4 ～ 22t。

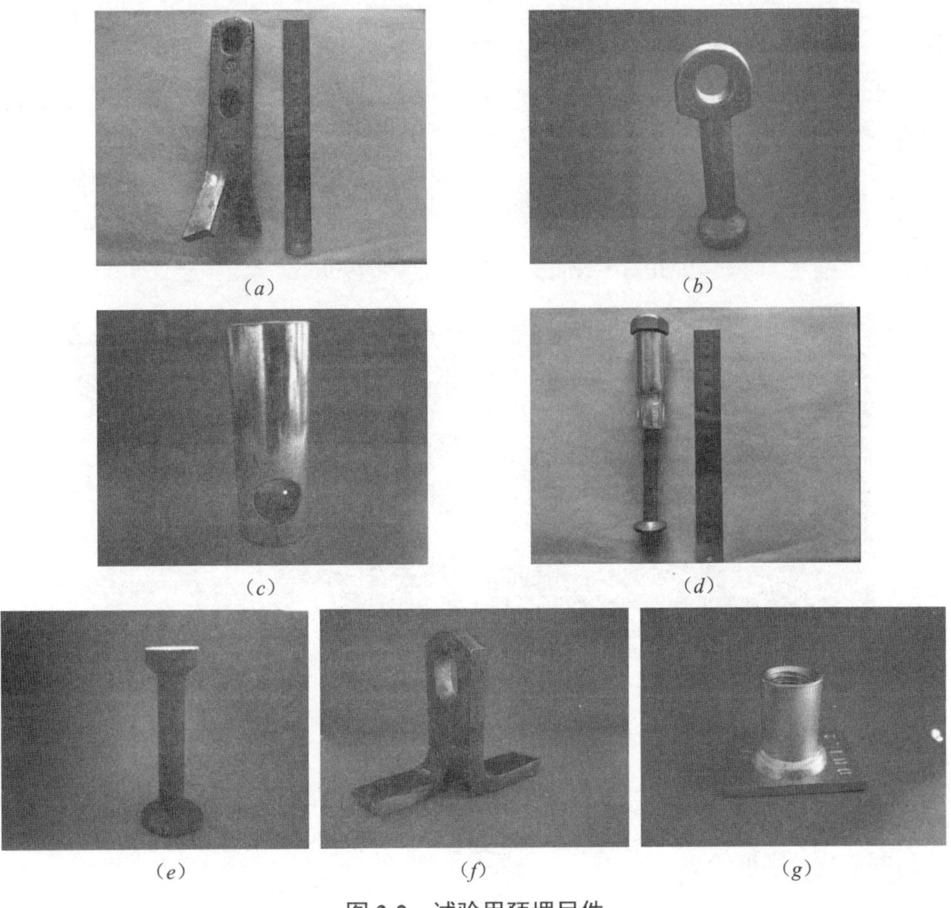

（*a*） （*b*） （*c*） （*d*） （*e*） （*f*） （*g*）

图 3-2　试验用预埋吊件

Fig.3.2　Inserts for test

（7）平板提升管件：如图 3-2（*g*）所示，属于第六类预埋吊件，螺纹吊头放置在平板上，用来吊装大面积、薄的混凝土构件。用此类预埋吊件提升构件时，要求必须提供抗弯加固，附加加固钢筋需被放置在板锚的顶部并固定，而且必须与板锚直接接触。其负荷范围为 0.5 ～ 6.3t，当荷载范围从 0.5t 到 2.0t，也就是直径从 Rd12 到 Rd20 时，只需配置两根加固钢筋；若荷载范围从 2.5t 到 6.3t，也就是直径从 Rd24 到 Rd36 时，需配置四根加固钢筋。

拉拔试验中，对以上 7 种 18 组预埋吊件均进行试验，共使用预埋吊件 54 个。拉剪耦合试验中，对其中 3 种预埋吊件进行试验，分别为埋深 90mm 的圆锥头端眼锚栓、埋深 61mm 的提升管件和埋深 130mm 的联合锚栓，共使用预埋吊件 18 个。

3.3.3 钢筋

本试验所用钢筋是在五金厂直接购买，其作用主要分为以下三种：刚性连接、抗弯配筋、预埋吊件尾筋设置。

（1）刚性连接：用做刚性连接的钢筋连接形式如图 3-3 所示，通过焊接与预埋吊件进行连接。该作用下采用钢筋等级为 HRB400，直径 25mm 的钢筋，此时钢筋抗拉强度 $f_y = 540\text{MPa}$，钢筋截面面积 $A_s = 490\text{mm}^2$。

图 3-3　刚性连接
Fig.3.3　Rigid connection

试验中，钢筋作为刚性连接抗拉强度是否满足要求，刚性连接通过焊接与预埋吊件进行连接，其直角角焊缝的强度是否满足要求，这些问题需要进行验算。

钢筋抗拉强度验算：

$$N_y = f_y A_s \geqslant N \tag{3-1}$$

其中：N_y——钢筋的抗拉强度（kN）；

N——A 公司给出的预埋吊件抗拉强度（kN）。

直角角焊缝的强度验算：

$$\sigma_f = \frac{N}{h_e l_w} \leqslant \beta_f f_f^w \tag{3-2}$$

计算结果见表3-3。

必要的验算 表3-3

The necessary checking Tab.3.3

破坏形式	$N_y = f_y A_s \geqslant N$（kN）	$N_1 = h_e l_w \beta_f f_f^w$（kN）	N（kN）	校核
钢筋抗拉强度	265	—	62.5	$N_y > N$
直角角焊缝强度	—	198	62.5	$N_1 > N$

由上表可知，钢筋抗拉强度和直角角焊缝的强度均符合要求。

（2）抗弯配筋：拉拔试验中为防止试件上表面发生受弯破坏，在预埋吊件的锚固区配置钢筋，而在拉剪耦合试验中不进行配筋，防止钢筋对预埋吊件的性能产生影响。各类预埋吊件抗弯配筋的相关参数见表3-4。

抗弯配筋参数 表3-4

Flexural reinforcement parameters Tab.3.4

名称	高度（mm）	钢筋直径（mm）	钢筋长度（mm）	数量（个）
TPA-FS型伸展锚钉	160	12	480 220	6 6
	150	12	450 220	6 6
圆锥头端眼锚栓	68	8	204 220	6 6
	90	8	270 220	6 6
提升管件	61	8	183 170	6 6
	73	8	219 170	6 6
联合锚栓	100	8	300 220	18 6
	130	10	390 220	18 6

续表

名称	高度（mm）	钢筋直径（mm）	钢筋长度（mm）	数量（个）
楼板元件-圆锥头吊装锚栓	68	10	204	12
	85	10	255	12

上表中，钢筋长度的取值根据高度的三倍和基材边距进行设计。其中，钢筋长度取为220mm和170mm，是在试件宽度的基础上加上20mm，留出模板的厚度便于钢筋的安装。实际配筋图如图3-4所示。

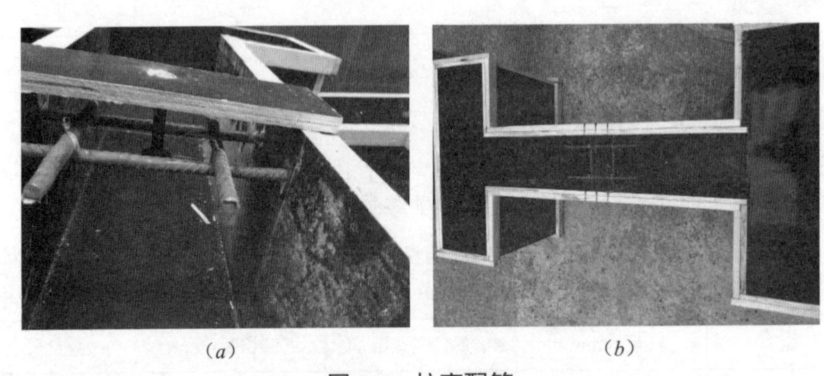

(a) (b)

图3-4 抗弯配筋

Fig.3.4 Flexural reinforcement

（3）尾部配筋：部分预埋吊件需配置尾筋，来增大承载力，并起到保护作用。其中，圆锥头端眼锚栓、提升管件、TPA-FF型平足锚钉和平板提升管件均需配置尾筋，根据预埋吊件产品说明，对以上四种预埋吊件进行尾部配筋，其相关参数见表3-5。

尾部配筋参数 表3-5

Tail reinforcement parameters Tab.3.5

名称	高度（mm）	钢筋直径（mm）	钢筋长度（mm）	尾筋形式	数量（个）
圆锥头端眼锚栓	68	8	600	弯成30°圆角	3
	90	12	600	弯成30°圆角	9
提升管件	61	10	550	弯成30°圆角	9
	73	12	780	弯成30°圆角	3
TPA-FF型平足锚钉	65	8	250	井字形绑扎	12

续表

名称	高度（mm）	钢筋直径（mm）	钢筋长度（mm）	尾筋形式	数量（个）
TPA-FF型平足锚钉	75	10	300	井字形绑扎	12
平板提升管件	30	6	346	倒弓字形绑扎	6
	36	8	438	倒弓字形绑扎	6

以TPA-FF型平足锚钉和平板提升管件的配筋为例：

1）TPA-FF型平足锚钉：根据A企业的预埋吊件产品说明书要求，需对该类预埋吊件进行尾配筋处理，配筋形式为绑扎成“井字形”放置在底部分叉上部，其形式如图3-5（*a*）所示。

其中d_s和l_s的取值严格按照产品说明书要求进行取值，则埋深65mm的TPA-FF型平足锚钉d_s取值为8mm，l_s取值为250mm；埋深75mm的TPA-FF型平足锚钉d_s取值为10mm，l_s取值为300mm。

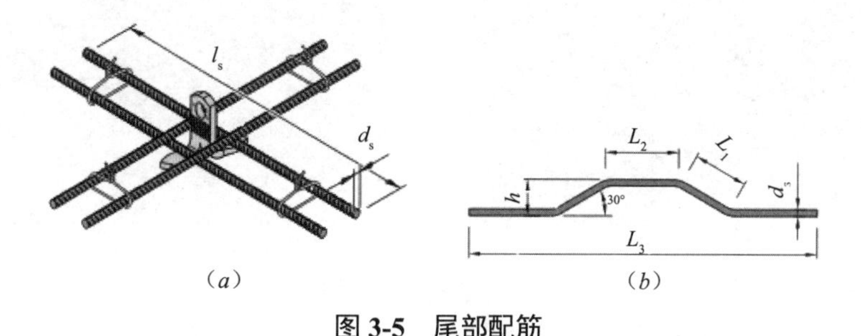

图3-5 尾部配筋

Fig.3.5 Additional reinforcement

2）平板提升管件：根据A企业的预埋吊件产品说明书要求，需对该类预埋吊件配置尾筋。当荷载范围从0.5t到2.0t，直径从*Rd*12到*Rd*20时，只需配置两根加固钢筋；若荷载范围从2.5t到6.3t，直径从*Rd*24到*Rd*36时，需配置四根加固钢筋。本试验中采用的此类预埋吊件负荷为0.5t和1.2t，故只需要配置两根加固钢筋即可，配筋形式为绑扎成“倒弓字形”放置在底部平板上部，其形式如图3-5（*b*）所示。

其中各项的取值严格按照产品说明书要求进行取值，则埋深30mm的平板提升管件d_s取值为6mm，h取值为30mm，L_1取值为60mm，L_2取值为60mm，L_3取值为330mm，经计算钢筋总长度为346mm；埋深36mm的平板提升管件d_s取值为8mm，h取值为35mm，L_1取值为70mm，L_2取值为70mm，L_3取值为

420mm，经计算钢筋总长度为438mm。

以上各类预埋吊件的实际尾筋形式具体如图3-6所示。

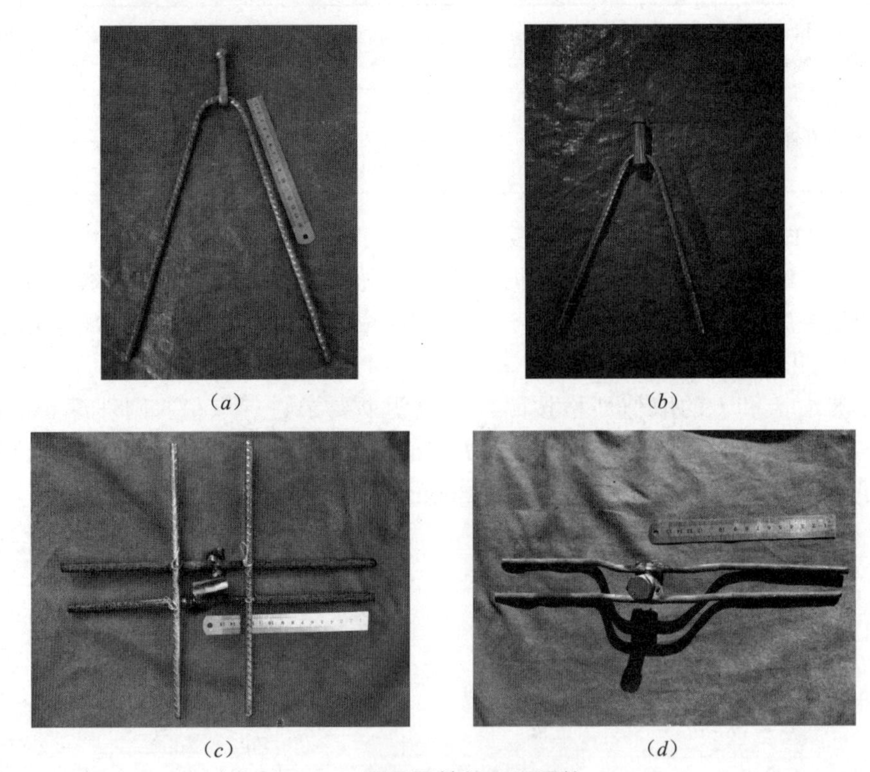

(a) (b) (c) (d)

图3-6 配置尾筋的预埋吊件

Fig.3.6 Inserts with additional reinforcement

3.4 基材混凝土试件设计

基材混凝土试件的尺寸设计应遵循以下原则:

(1) 符合国内外规范要求：国外规范《Guideline for european technical approval of metal anchors for use in concrete》ETAG 001 Annex A规定，基材混凝土厚度应不小于$2h_{ef}$，且应大于100mm，锚固区为$3h_{ef}$。《混凝土用机械锚栓》JG/T 160—2017规定，基材混凝土厚度应不小于$1.5h_{ef}$，且应大于100mm，锚固区为$3h_{ef}$。为安全起见，将基材厚度取大于$2h_{ef}$，锚固区为$3h_{ef}$；

(2) 参照A企业的产品生产信息，产品说明书中对各类预埋吊件的配筋以及对试件的相关尺寸进行规定，试件的设计需依据其中的规定;

（3）根据预埋吊件的用途，在符合其用途的前提下进行试件设计，使试验更具有应用性和针对性。如TPA-FS型伸展锚钉可适用于提升柱、梁、桁架、墙或者双T板，根据我国现行行业标准《装配式混凝土结构技术规范》JGJ 1—2014中9.1.3规定：当房屋超过3层时，预制剪力墙截面厚度不宜小于140mm。目前现有100m左右高层居多，并且这些高层的剪力墙的厚度绝大部分都是200mm、300mm，所以基本确定试验中基材的宽度为200mm即边距为100mm。

3.4.1 拉拔试验的试件设计

根据以上原则，可对六类七种预埋吊件进行基材混凝土试件尺寸设计。其中TPA-FS型伸展锚钉、圆锥头端眼锚栓、提升管件、联合锚栓和楼板元件-圆锥头吊装锚栓设计成有边距影响的试件，联合锚栓、楼板元件-圆锥头吊装锚栓、TPA-FF型平足锚钉和平板提升管件设计成无边距影响的试件。具体设计方案以TPA-FS型伸展锚钉和平板提升管件为例。

（1）TPA-FS型伸展锚钉

TPA-FS型伸展锚钉可适用于提升柱、梁、桁架、墙或者双T板，根据《装配式混凝土结构技术规范》JGJ 1—2014中的相关规定可将边距设为100mm。根据预埋吊件的产品说明，可将说明书中对TPA-FS型伸展锚钉的相关规定整理如下，具体见表3-6。

TPA-FS型伸展锚钉的相关产品信息 **表3-6**

Related product information of Spread Anchor TPA-FS **Tab.3.6**

名称	h_{ef}（mm）	$2h_{ef}$（mm）	$3h_{ef}$（mm）	e_z（mm）	e_r（墙）/e_z/2（板）（mm）
TPA-FS型伸展锚钉	160	320	480	530	35/50
	150	300	450	520	90/120

根据以上信息，基材混凝土构件的边距为100mm，厚度应大于两倍埋深，可取为400mm。故得出此类预埋吊件的试件尺寸为1200mm×200mm×400mm（工字型），将试件设置为工字型，主要是为了方便试验装置的放置，试件尺寸如图3-7（*a*）所示。

（2）平板提升管件

对于平板提升板件，适用于大而薄的预制板元件，根据我国现行行业标准，预制板元件厚度大多为120mm、150mm，故本试验中试件厚度选为120mm。根据预埋吊件的产品说明，可将说明书中对平板提升管件的相关规定整理如下，具体见表3-7。

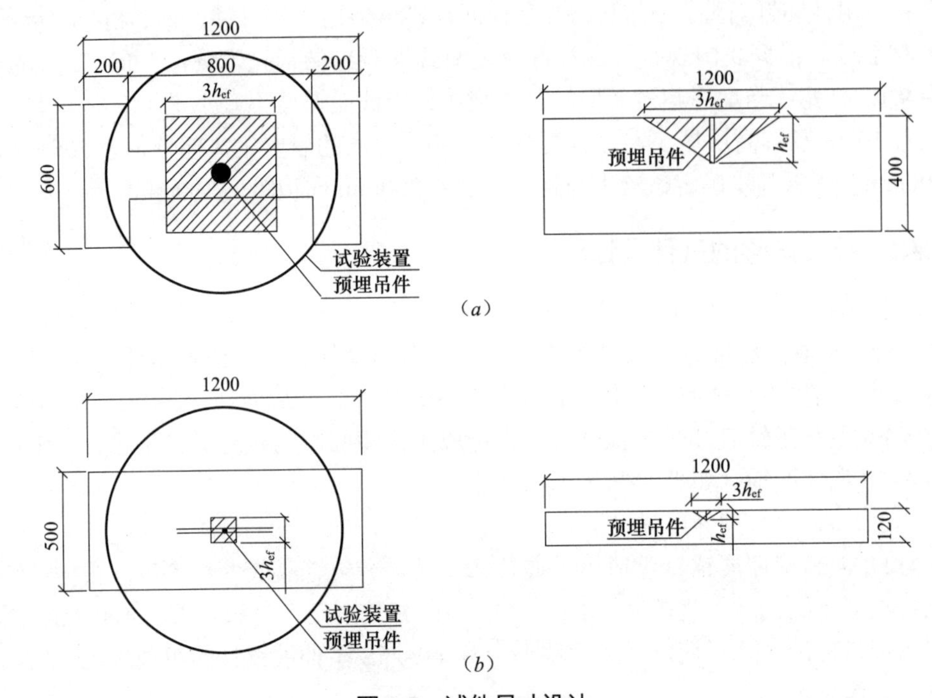

图3-7 试件尺寸设计

Fig.3.7 Design of specimen size

平板提升管件的相关产品信息 表3-7

Related product information of DEHA Plate anchor Tab.3.7

名称	h_{ef}（mm）	$2h_{ef}$（mm）	$3h_{ef}$（mm）	e_z（mm）	e_r（mm）
平板提升管件	30	60	90	350	35/50
	36	72	108	500	90/120

根据以上信息，基材混凝土构件厚度取为120mm，边距取为250mm。故得出此类预埋吊件的试件尺寸为1200mm×500mm×120mm，试件尺寸如图3-7(*b*)所示。

现将拉拔试验中所用的六类七种预埋吊件进行基材混凝土试件设计，具体尺寸见表3-8所示。其中基材混凝土试件共18组，编号为LB1-LB18，为保证试验数据的准确性，每组做3个同样的试件，命名方式为LB×-1，LB×-2，LB×-3。

基材混凝土试件设计 表 3-8

Design of concrete specimen Tab.3.8

名称	编号	安全荷载（kN）	埋深（mm）	尺寸（mm×mm×mm）	数量（个）
TPA-FS型伸展锚钉	LB1	14	130	1200×200×400（工字型）	6
	LB2	25	120		
圆锥头端眼锚栓	LB3	13	68	1200×200×400（工字型）	6
	LB4	25	90		
提升管件	LB5	12	61	1200×150×400（工字型）	6
	LB6	20	73		
联合锚栓	LB7	5	100	1200×200×400（工字型）	3
	LB8			1200×400×400	3
	LB9	12	130	1200×200×400（工字型）	3
	LB10			1200×400×400	3
楼板元件-圆锥头吊装锚栓	LB11	13	68	1200×200×200（工字型）	3
	LB12			1200×400×200	3
	LB13	25	85	1200×200×200（工字型）	3
	LB14			1200×400×200	3
TPA-FF型平足锚钉	LB15	14	40	1200×400×200	6
	LB16	25	50		
平板提升管件	LB17	5	30	1200×500×120	6
	LB18	12	36		

根据表 3-8 可知，不同尺寸的同一种预埋吊件，将其预制混凝土试件设计成相同尺寸，其目的在于研究埋深对于预埋吊件承载力的影响。其中联合锚栓和楼板元件-圆锥头吊装锚栓这两种预埋吊件的混凝土试件分别设计成边距不同、其

他尺寸一样的两种形式，其目的在于研究边距对于预埋吊件承载力的影响。

拉拔试验中，共使用预埋吊件 54 个，设计的基材混凝土试件共 54 个，主要形式有六种，主要尺寸及个数为 1200mm×200mm×400mm（工字型）18 个，1200mm×150mm×400mm（工字型）6 个，1200mm×200mm×200mm（工字型）6 个，1200mm×400mm×400mm 6 个，1200mm×400mm×200mm 12 个，1200mm×500mm×120mm 6 个。

3.4.2 拉剪耦合试验的试件设计

根据以上原则，可对埋深 90mm 的圆锥头端眼锚栓、埋深 61mm 的提升管件和埋深 130mm 的联合锚栓进行基材混凝土试件尺寸设计。具体设计方案以埋深 90mm 的圆锥头端眼锚栓为例。此类预埋吊件主要用于薄混凝土构件，例如薄桁架单元和预应力梁中，根据预埋吊件产品说明书，将其基本信息整理如下，具体见表 3-9。

圆锥头端眼锚栓的相关产品信息 表 3-9

Related product information of Spherical Head Eye Anchor Tab.3.9

名称	h_{ef}（mm）	$2h_{ef}$（mm）	$3h_{ef}$（mm）	e_z（mm）	e_r（mm）
联合锚栓	90	180	270	600	40

由表 3-9 可知，产品说明书中规定的预埋吊件间距至少为 600mm，试件宽度至少为 80mm，锚固区长度为 270mm。拉剪耦合试验中采用两个预埋吊件同时起吊，根据锚固区长度和试验装置，基材混凝土试件设计时取间距为 600mm，宽度为 200mm，长度为 1200mm，厚度为 400mm，故试件尺寸为 1200mm×200mm×400mm，试件尺寸如图 3-8 所示。

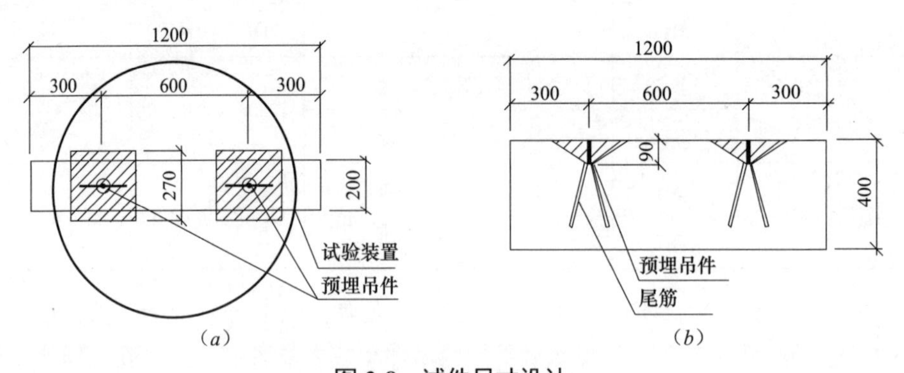

图 3-8 试件尺寸设计

Fig.3.8 Design of specimen size

现将拉剪耦合试验中所用的三种预埋吊件进行基材混凝土试件设计，具体尺寸见表 3-10 所示。其中基材混凝土试件共 3 组，编号为 LJ1、LJ2、LJ3，为保证试验数据的准确性，每组做 3 个同样的试件，命名方式为 LJ×-1，LJ×-2，LJ×-3。

基材混凝土试件设计 **表 3-10**

Design of concrete specimen **Tab 3.10**

名称	编号	安全荷载（kN）	埋深（mm）	尺寸（mm×mm×mm）	数量（个）
圆锥头端眼锚栓	LJ1	25	90	1200×200×400	3
提升管件	LJ2	12	61	1200×150×400	3
联合锚栓	LJ3	12	130	1200×200×400	3

拉剪耦合试验中，共使用预埋吊件 18 个，设计的基材混凝土试件共 9 个，主要形式有二种，主要尺寸及个数为 1200mm×200mm×400mm 6 个，1200mm×150mm×400mm 3 个。

拉拔和拉剪耦合试验中基材混凝土试件个数共计 63 个，预埋吊件个数为 72 个。

3.5 试验装置

试验装置主要包括加载装置和测量装置。

加载设备: 30t 液压穿心式千斤顶、配套夹具和手动油泵等。

其中千斤顶采用液压穿心式，中间留有孔洞，便于刚性连接的钢筋穿入，此种千斤顶操作方便，主要用于锚栓的张拉；配套夹具，主要是和千斤顶一起用于钢筋的固定，夹具的尺寸可根据钢筋的直径进行调整；手动油泵主要用于加载，配有显示屏可显示力的大小，实现了一边加载一边读数的加载方式，便于试验的进行。

测量设备: DH—3816 静态应变仪、位移计两个和力传感器等。

其中 DH—3816 静态应变仪与位移计和力传感器相连，对试验数据进行采集的同时可直接显示力—位移曲线；位移计是用来测量预埋吊件沿荷载方向上的位移，位移计放置的时候，与预埋吊件的净距应大于 $1.5h_{ef}$，尽可能地避免拉拔和拉剪耦合试验过程中造成预埋吊件倾斜而产生附加位移的影响；由于本试验中产生的力均小于 30t，故传感器的量程选用 0 ～ 30t 即可。

3.5.1 拉拔试验的试验装置

对预埋吊件进行拉拔试验时，因不能直接对其进行拉拔试验，故采用焊接的方式将钢筋与预埋吊件连接，使其成为一体，通过对钢筋进行拉拔试验进而测量预埋吊件的拉拔力，钢筋与预埋吊件焊接部分的直角角焊缝强度在上一节已经验证合理，故此方法可行。试验过程中，需要将基材混凝土试件放置在平整的地面上，再将试验装置安放在试件上，装置的上部平面需保持在同一水准面上，使穿心千斤顶和传感器的中心能够与钢筋和预埋吊件中心保持同轴，并保证钢筋不接触试验装置，减少摩擦力，保证拉拔力可以完全传送至预埋吊件，利用装置的“自锁”系统完成预埋吊件拉拔试验。在拉拔试验中，位移计支座固定在钢筋上，位移计放置在破坏区域外的混凝土试件上，保证位移计测量结果的准确性。拉拔试验装置图如图 3-9（*a*）所示。

（*a*）

（*b*）

图 3-9 试验装置
Fig 3.9 Test devices

3.5.2 拉剪耦合试验的试验装置

对预埋吊件进行拉剪耦合试验时，因考虑到实际工程中的吊装过程，将此次试验中的基材混凝土试件设计成两个吊点同时起吊，尽可能还原现场吊装。用于刚性连接的直径 25mm 的钢筋通过焊接螺丝帽形成吊环，钢丝绳穿过孔洞与预埋吊件连接，钢丝绳斜拉角度为 30°，符合产品说明书中对拉剪角度的规定。试验过程中，需要将基材混凝土试件放置在平整的地面上，采用钢梁和地脚螺栓将其固定。再将试验装置安放在试件上，装置的上部平面需保持在同一水准面上，使试验装置、穿心千斤顶和传感器的中心能够与刚性连接中心保持同轴，保证两个预埋吊件受力均匀。拉拔耦合试验装置图如图 3-9（*b*）所示。

3.6 本章小结

预埋吊件拉拔试验中，对六类七种共 54 个预埋吊件进行试验，计的基材混凝土试件共 54 个，主要形式有六种，主要尺寸及个数为 1200mm×200mm×400mm（工字型）18 个，1200mm×150mm×400mm（工字型）6 个，1200mm×200mm×200mm（工字型）6 个，1200mm×400mm×400mm 6 个，1200mm×400mm×200mm 12 个，1200mm×500mm×120mm 6 个。其中，不同尺寸的同一种预埋吊件，将其预制混凝土试件设计成相同尺寸，其目的在于研究埋深和直径对于预埋吊件承载力的影响。联合锚栓和楼板元件-圆锥头吊装锚栓这两种预埋吊件的混凝土试件分别设计成边距不同、其他尺寸一样的两种形式，其目的在于研究边距对于预埋吊件承载力的影响。

拉剪耦合试验中，对六类预埋吊件中的三种共 18 个预埋吊件进行了试验，设计的基材混凝土试件共 9 个，主要形式有二种，尺寸及个数为 1200mm×200mm×400mm 6 个，1200mm×150mm×400mm 3 个。拉拔和拉剪耦合试验中基材混凝土试件个数共计 63 个，预埋吊件个数为 72 个。

第 4 章　预埋吊件的拉拔和拉剪耦合试验现象及数据分析

本章主要是对采用 7 种不同预埋吊件制作的共 54 个混凝土试件的拉拔试验现象进行分析，得出基材混凝土试件在拉拔作用下的破坏形式，并对破坏形式的产生原因进行深入研究；通过对试验数据和荷载-位移曲线进行处理分析，验证试验方案的可行性；将试验所得的极限承载力与根据国内外规范计算的理论值进行比较，得出两者之间的关系，并将国内外各规范进行对比分析；通过对同一尺寸的同种预埋吊件在不同边距条件下的基材混凝土试件中进行拉拔试验，验证前期模拟中提出的边距对承载力的影响结论的正确性。通过对不同尺寸的同种预埋吊件在同种基材混凝土试件中进行拉拔试验，得出埋深对预埋吊件抗拉承载力的影响。

通过对其中 3 种预埋吊件制作的共 9 个混凝土试件进行拉剪耦合试验，对试验数据和荷载-位移曲线进行分析，验证试验方案的可行性，通过计算对规范中给出的拉剪耦合公式的正确性进行验证。

4.1　试验现象与破坏模式

4.1.1　试验现象

在拉拔试验中，采用的预埋吊件有 7 种，分别为 TPA-FS 型伸展锚钉、圆锥头端眼锚栓、提升管件、联合锚栓、楼板元件-圆锥头吊装锚栓、TPA-FF 型平足锚钉和平板提升管件。其中基材混凝土试件共 18 组，编号为 LB1-LB18，为保证试验数据的准确性，每组做 3 个同样的试件，命名方式为 LB×-1，LB×-2，LB×-3。

因每组的 3 个相同试件试验现象基本相同，故只选取其中一个试件进行现象描述，以下共对 18 组预埋吊件混凝土试件的试验现象进行描述。

（1）TPA-FS 型伸展锚钉（130mm）：编号 LB1（LB1-1，LB1-2，LB1-3）其混凝土试件破坏现象如图 4-1 所示。

破坏现象：试件加载初期，预埋吊件和混凝土试件均未见明显变化，随着荷载的增加，在荷载为 28kN 时试件内部出现响动，此时表面未见裂缝，当荷载达到 32kN 时又出现一声响动，预埋吊件周围开始出现起皮现象，上表面形成以预埋吊件为中心对称的竖向裂缝，并开始向前后表面沿斜下方 45°方向呈倒锥体形状迅速扩展，当锥形裂缝基本形成后沿锥形裂缝中间部位向下形成竖向裂缝。LB1 试件发生了较为理想的锥体破坏，锥形体直径约为 500mm，高度为 130mm，锥形体角度约为 28°。锥体高度小于预埋吊件的高度，因为预埋吊件埋入混凝土时，因未使用专用吊具，故预埋吊件埋入时埋入深度仅为 130mm。

图 4-1　LB1 试件破坏现象

Fig.4.1　Failure phenomena of specimens LB1

（2）TPA-FS 型伸展锚钉（120mm）：编号 LB2（LB2-1，LB2-2，LB2-3）其混凝土试件破坏现象如图 4-2 所示。

破坏现象：试件加载初期，预埋吊件和混凝土试件均未见明显变化，随着荷载的增加，在荷载为 21kN 时试件内部出现响动，表面出现轻微裂缝，当荷载达到 28kN 时，上表面形成以预埋吊件为中心对称的竖向裂缝，并开始向前后表面沿斜下方 45°方向呈倒锥体形状迅速扩展，当锥形裂缝基本形成后沿锥形裂缝中间部位向下形成竖向裂缝。LB2 试件发生了较为理想的锥体破坏，锥形体直径约为 400mm，高度为 120mm，锥形体角度约为 31°。锥体高度小于预埋吊件的高度，因为预埋吊件埋入混凝土时，因未使用专用吊具，故预埋吊件埋入时埋入深度仅为 120mm。

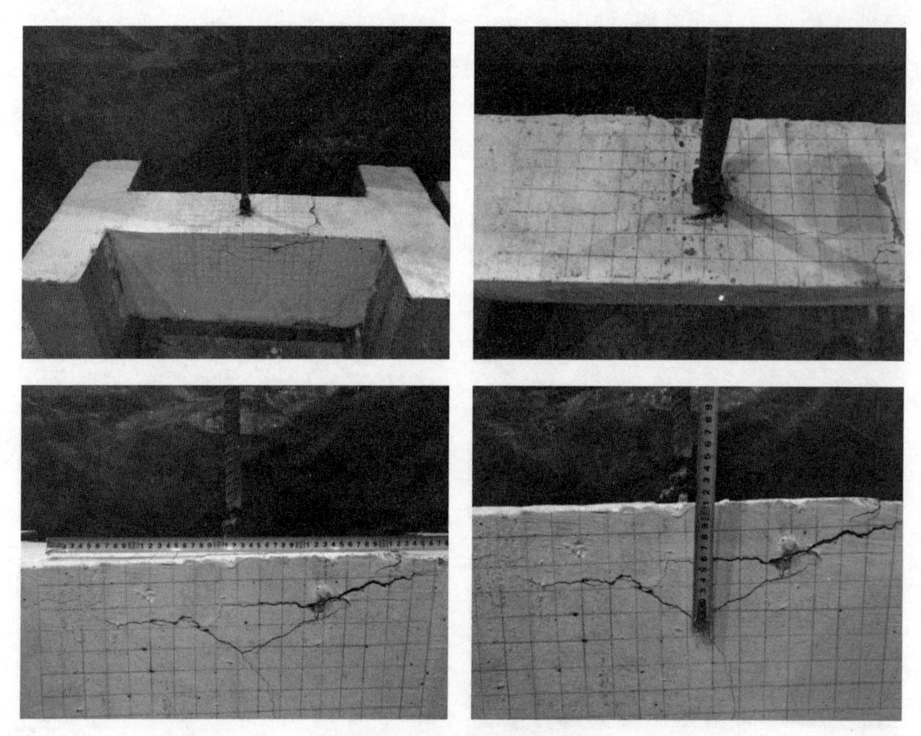

图 4-2　LB2 试件破坏现象

Fig.4.2　Failure phenomena of specimens LB2

（3）圆锥头端眼锚栓（68mm）：编号 LB3（LB3-1，LB3-2，LB3-3）其混凝土试件破坏现象如图 4-3 所示。

破坏现象：试件加载初期，预埋吊件和混凝土试件均未见明显变化，随着荷载的增加，在荷载为 30kN 时试件上表面沿预埋吊件 45°方向开始出现裂缝，裂缝迅速扩展到试件前后表面，出现呈倒锥体形状的裂缝，当锥形裂缝形状基本形成后沿锥形裂缝中间偏右部位向下形成竖向裂缝。LB3 试件发生了锥体破坏，锥形体直径约为 300mm，高度为 68mm，锥形体角度约为 24°。

（4）圆锥头端眼锚栓（90mm）：编号 LB4（LB4-1，LB4-2，LB4-3）其混凝土试件破坏现象如图 4-4 所示。

破坏现象：试件加载初期，预埋吊件和混凝土试件均未见明显变化，随着荷载的增加，在荷载为 37kN 时试件上表面沿预埋吊件 45°方向开始出现裂缝，并形成了竖向裂缝，裂缝迅速扩展到试件前后表面，出现呈倒锥体形状的裂缝，当锥形裂缝形状基本形成后沿锥形裂缝中间偏右部位向下形成竖向裂缝。LB4 试件发生了锥体破坏，锥形体直径约为 320mm，高度为 90mm，锥形体角度约为 29°。

图 4-3　LB3 试件破坏现象

Fig.4.3　Failure phenomena of specimens LB3

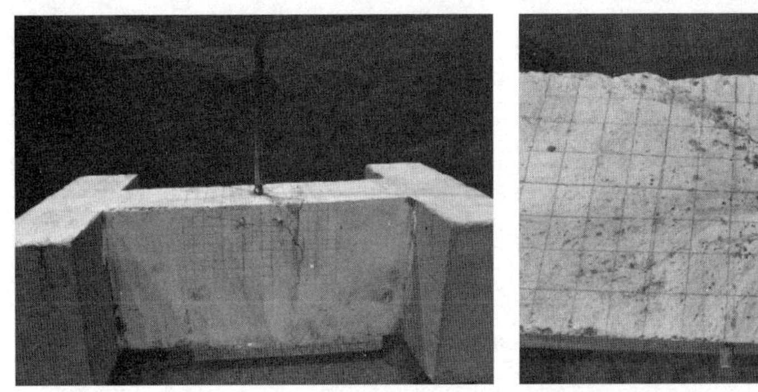

图 4-4　LB4 试件破坏现象（一）

Fig.4.4　Failure phenomena of specimens LB4(1)

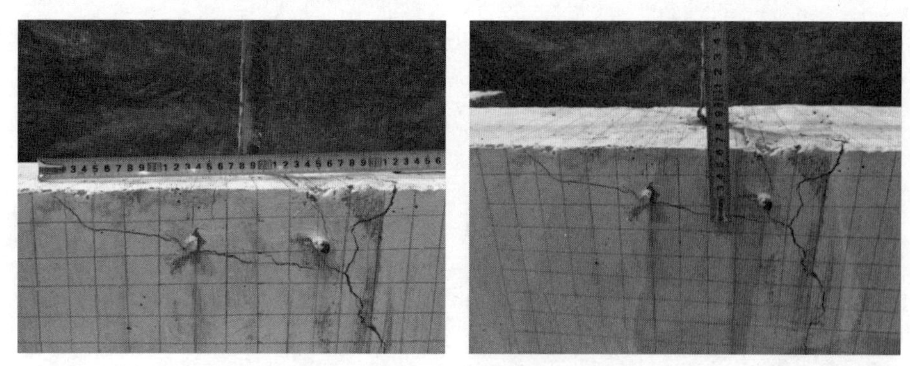

图 4-4 LB4 试件破坏现象（二）

Fig.4.4 Failure phenomena of specimens LB4(2)

（5）提升管件（61mm）：编号 LB5（LB5-1，LB5-2，LB5-3）其混凝土试件破坏现象如图 4-5 所示。

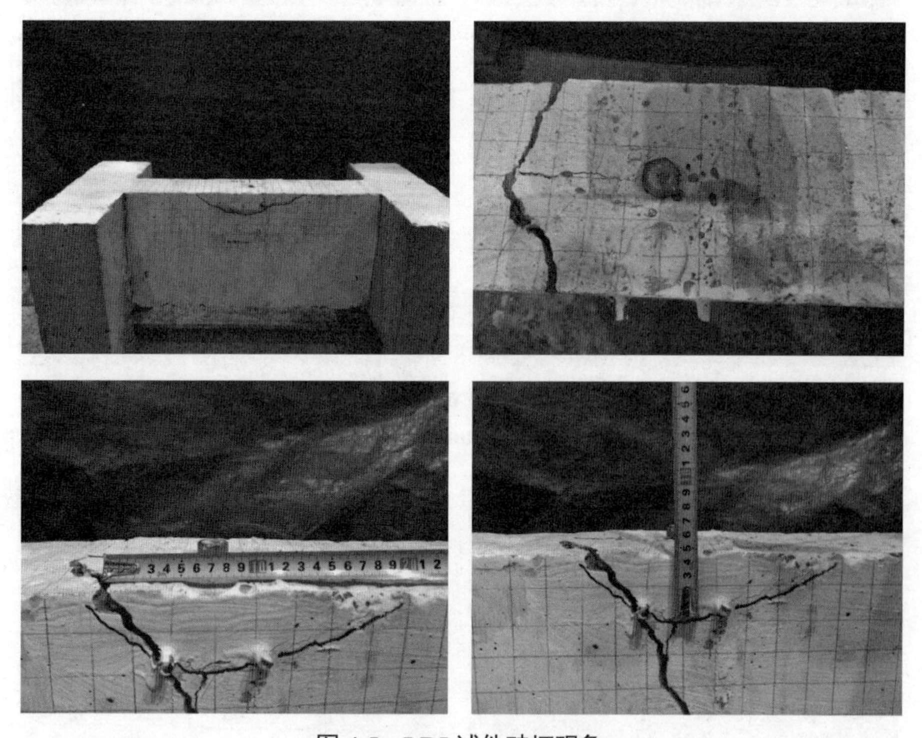

图 4-5 LB5 试件破坏现象

Fig.4.5 Failure phenomena of specimens LB5

破坏现象：试件加载初期，预埋吊件和混凝土试件均未见明显变化，随着荷载的增加，在荷载为 36kN 时试件上表面形成以预埋吊件为中心对称的竖向裂缝，并开始向前后表面沿斜下方 45°方向呈倒锥体形状迅速扩展，当锥形裂缝基本形成后沿锥形裂缝中间偏右部位向下形成竖向裂缝。LB5 试件发生了较为理想的锥体破坏，锥形体直径约为 200mm，高度为 61mm，锥形体角度大约为 31°。

（6）提升管件（73mm）：编号 LB6（LB6-1，LB6-2，LB6-3）其混凝土试件破坏现象如图 4-6 所示。

破坏现象：试件加载初期，预埋吊件和混凝土试件均未见明显变化，随着荷载的增加，在荷载为 46kN 时试件上表面形成以预埋吊件为中心对称的竖向裂缝，并开始向前后表面沿斜下方 45°方向呈倒锥体形状迅速扩展，当锥形裂缝基本形成后沿锥形裂缝中间偏右部位向下形成竖向裂缝。LB6 试件发生了较为理想的锥体破坏，锥形体直径约为 230mm，高度为 73mm，锥形体角度大约为 32°。

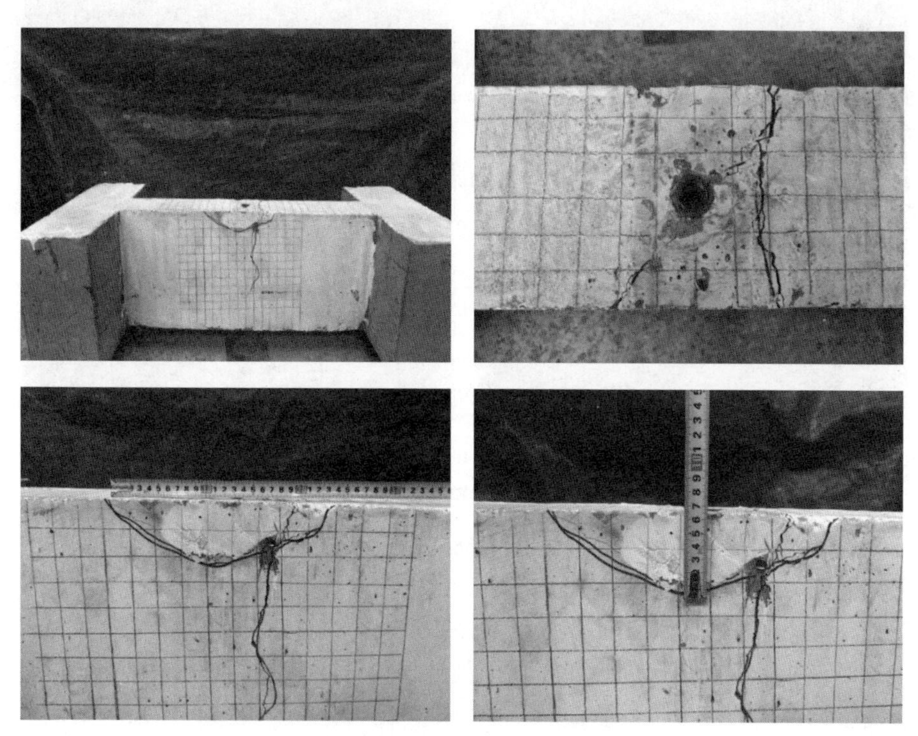

图 4-6　LB6 试件破坏现象

Fig.4.6　Failure phenomena of specimens LB6

（7）联合锚栓（100mm）：编号 LB7（LB7-1，LB7-2，LB7-3）其混凝土试件破坏现象如图 4-7 所示。

破坏现象：试件加载初期，预埋吊件和混凝土试件均未见明显变化，随着荷载的增加，在荷载为19kN时试件上表面形成以预埋吊件为中心对称的竖向裂缝，并开始向前后表面沿斜下方45°方向呈倒锥体形状迅速扩展，当荷载达到极限，锥体破坏部分可被整体拔出。LB7试件发生了较为理想的锥体破坏，锥形体直径约为400mm，高度为100mm，锥形体角度大约为27°。

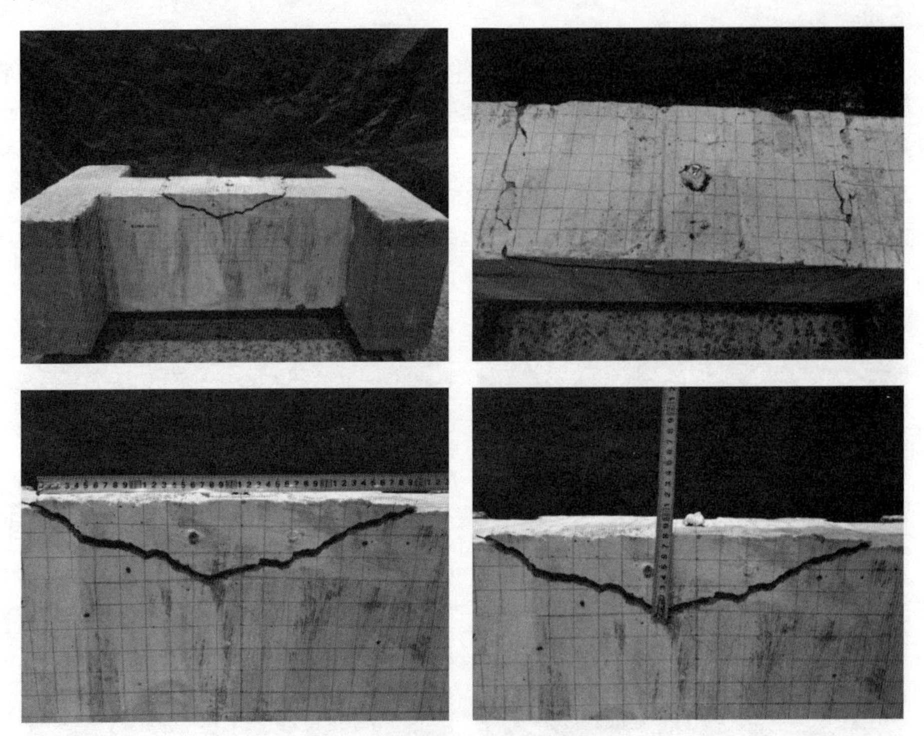

图4-7　LB7试件破坏现象

Fig.4.7　Failure phenomena of specimens LB7

（8）联合锚栓（100mm）：编号LB8（LB8-1，LB8-2，LB8-3）其混凝土试件破坏现象如图4-8所示。

破坏现象：试件加载初期，预埋吊件和混凝土试件均未见明显变化，随着荷载的逐渐增大，在荷载为43kN时预埋吊件周围开始起皮，预埋吊件逐渐上移，随后发生响声，预埋吊件发生断裂，预埋吊件上部分被整体拔出，LB8试件未产生裂缝，预埋吊件拔出断裂。

（9）联合锚栓（130mm）：编号LB9（LB9-1，LB9-2，LB9-3）其混凝土试件破坏现象如图4-9所示。

破坏现象：试件加载初期，预埋吊件和混凝土试件均未见明显变化，随着荷载的增加，在荷载为 38kN 时试件上表面形成以预埋吊件为中心对称的竖向裂缝，并开始向前后表面沿斜下方 45°方向呈倒锥体形状迅速扩展，当锥形裂缝基本形成后沿锥形裂缝中间部位向下形成竖向裂缝。LB9 试件发生了较为理想的锥体破坏，锥形体直径约为 450mm，高度为 130mm，锥形体角度大约为 30°。

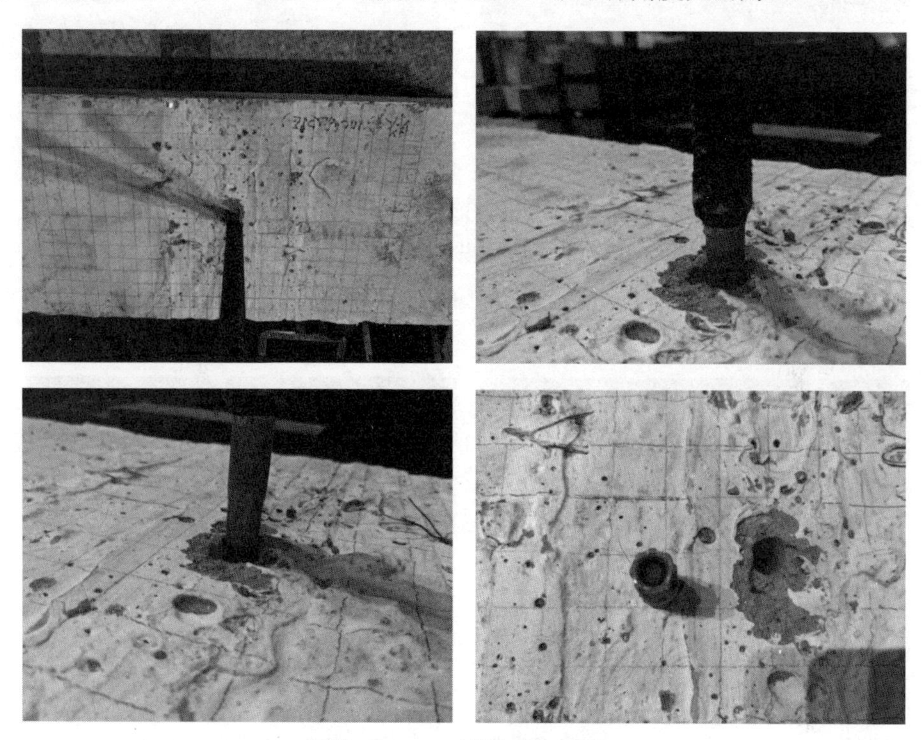

图 4-8　LB8 试件破坏现象

Fig.4.8　Failure phenomena of specimens LB8

图 4-9　LB9 试件破坏现象（一）

Fig.4.9　Failure phenomena of specimens LB9(1)

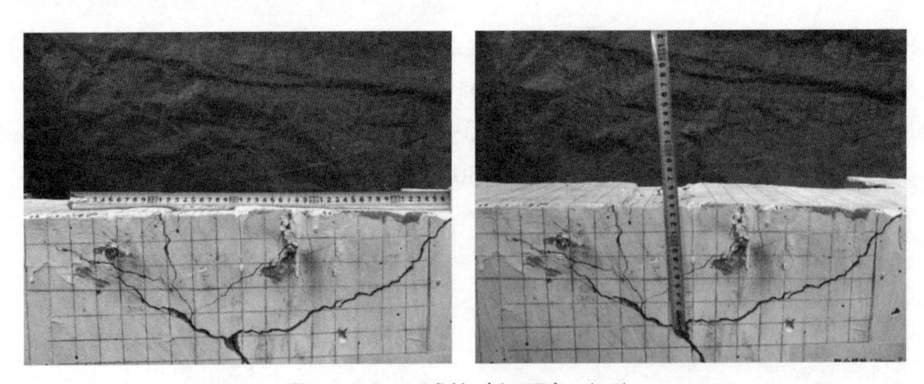

图 4-9　LB9 试件破坏现象（二）

Fig.4.9　Failure phenomena of specimens LB9(2)

（10）联合锚栓（130mm）：编号 LB10（LB10-1，LB10-2，LB10-3）其混凝土试件破坏现象如图 4-10 所示。

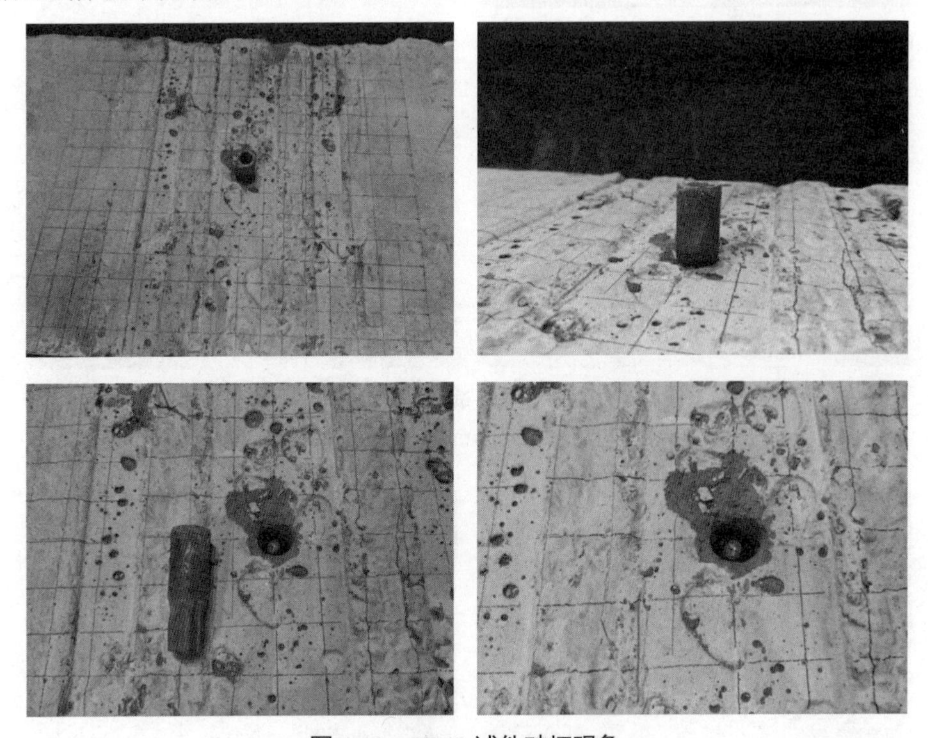

图 4-10　LB10 试件破坏现象

Fig.4.10　Failure phenomena of specimens LB10

破坏现象：试件加载初期，预埋吊件和混凝土试件均未见明显变化，随着荷载的逐渐增大，在荷载为 50kN 时预埋吊件周围开始起皮，预埋吊件逐渐上移，随后发生响声，预埋吊件发生断裂，预埋吊件上部分被整体拔出，LB10 试件未产生裂缝，预埋吊件拔出断裂。

（11）楼板元件–圆锥头吊装锚栓（68mm）：编号 LB11（LB11-1，LB11-2，LB11-3）其混凝土试件破坏现象如图 4-11 所示。

破坏现象：试件加载初期，预埋吊件和混凝土试件均未见明显变化，随着荷载的增加，在荷载为 8.6kN 时试件上表面沿预埋吊件 45°方向开始出现裂缝，裂缝迅速扩展到试件前后表面，出现呈倒锥体形状的裂缝，当锥形裂缝形状基本形成后沿锥形裂缝中间偏右部位向下形成竖向裂缝。LB11 试件发生了较为理想的锥体破坏，锥形体直径约为 200mm，高度为 65mm，锥形体角度大约为 34°。

图 4-11　LB11 试件破坏现象

Fig.4.11　Failure phenomena of specimens LB11

（12）楼板元件–圆锥头吊装锚栓（68mm）：编号 LB12（LB12-1，LB12-2，LB12-3）其混凝土试件破坏现象如图 4-12 所示。

破坏现象：试件加载过程中，加载初期时预埋吊件和混凝土试件均未见明显变化，在荷载为 18kN 时试件内部出现响动，上表面开始出现以预埋吊件为主中心向外扩展的裂缝，裂缝呈圆锥体形状迅速扩展，LB12 试件发生了以预埋吊件为中心的圆锥体破坏，圆锥形体直径约为 200mm，深度为 68mm，角度约为 34°。

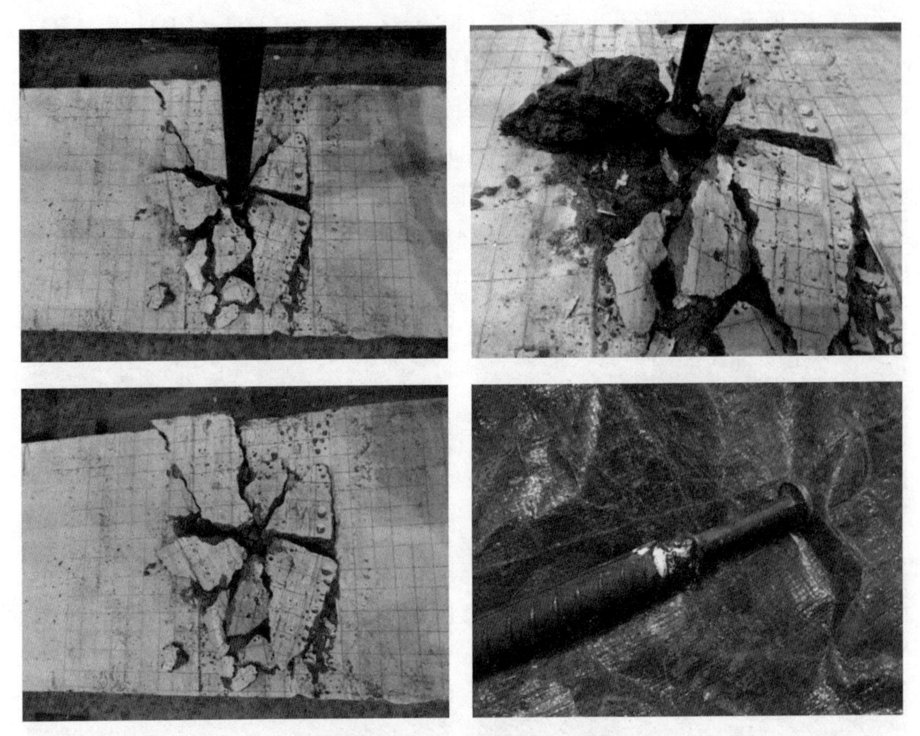

图 4-12　LB12 试件破坏现象

Fig.4.12　Failure phenomena of specimens LB12

（13）楼板元件-圆锥头吊装锚栓（85mm）：编号 LB13（LB13-1，LB13-2，LB13-3）其混凝土试件破坏现象如图 4-13 所示。

破坏现象：试件加载初期，预埋吊件和混凝土试件均未见明显变化，随着荷载的增加，在荷载为 13kN 时试件上表面形成以预埋吊件为中心对称的竖向裂缝，并开始向前后表面沿斜下方 45°方向呈倒锥体形状迅速扩展，当荷载达到极限值时，预埋吊件同锥体破坏区域一起被拔出。LB13 试件发生了较为理想的锥体破坏，锥形体直径约为 240mm，高度为 85mm，锥形体角度大约为 35°。

（14）楼板元件-圆锥头吊装锚栓（85mm）：编号 LB14（LB14-1，LB14-2，LB14-3）其混凝土试件破坏现象如图 4-14 所示。

破坏现象：试件加载过程中，加载初期时预埋吊件和混凝土试件均未见明显变化，在荷载为 22.48kN 时试件内部出现响动，上表面开始出现以预埋吊件为主中心向外扩展的裂缝，裂缝呈圆锥体形状迅速扩展，LB14 试件发生了以预埋吊件为中心的圆锥体破坏，圆锥形体直径约为 300mm，深度为 85mm，角度约为 30°。

图 4-13　LB13 试件破坏现象

Fig.4.13　Failure phenomena of specimens LB13

图 4-14　LB14 试件破坏现象

Fig.4.14　Failure phenomena of specimens LB14

（15）TPA-FF 型平足锚钉（65mm）：编号 LB15（LB15-1，LB15-2，LB15-3）

其混凝土试件破坏现象如图 4-15 所示。

破坏现象：试件加载过程中，加载初期时预埋吊件和混凝土试件均未见明显变化，在荷载为 13kN 时试件内部出现响动，上表面开始出现以预埋吊件为主中心向外扩展的裂缝，裂缝呈圆锥体形状迅速扩展，LB15 试件发生了以预埋吊件为中心的圆锥体破坏，圆锥形体直径约为 300mm，深度为 40mm，角度为 15°。

图 4-15　LB15 试件破坏现象

Fig.4.15　Failure phenomena of specimens LB15

（16）TPA-FF 型平足锚钉（75mm）：编号 LB16（LB16-1，LB16-2，LB16-3）其混凝土试件破坏现象如图 4-16 所示。

破坏现象：试件加载过程中，加载初期时预埋吊件和混凝土试件均未见明显变化，在荷载为 15kN 时试件内部出现响动，上表面开始出现以预埋吊件为主中心向外扩展的裂缝，裂缝呈圆形迅速扩展，LB16 试件发生了以预埋吊件为中心的椭圆锥体破坏，长体直径约为 400mm，短直径约为 300mm，深度为 50mm，角度约为 18°。

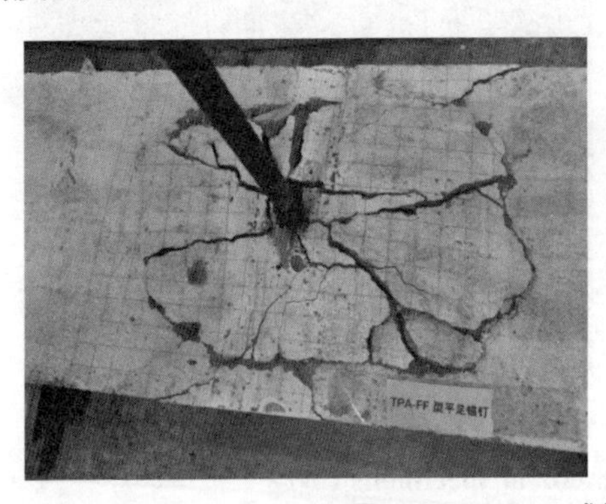

图 4-16　LB16 试件破坏现象（一）

Fig.4.16　Failure phenomena of specimens LB16(1)

图 4-16　LB16 试件破坏现象（二）

Fig.4.16　Failure phenomena of specimens LB16(2)

（17）平板提升管件（30mm）：编号 LB17（LB17-1，LB17-2，LB17-3）其混凝土试件破坏现象如图 4-17 所示。

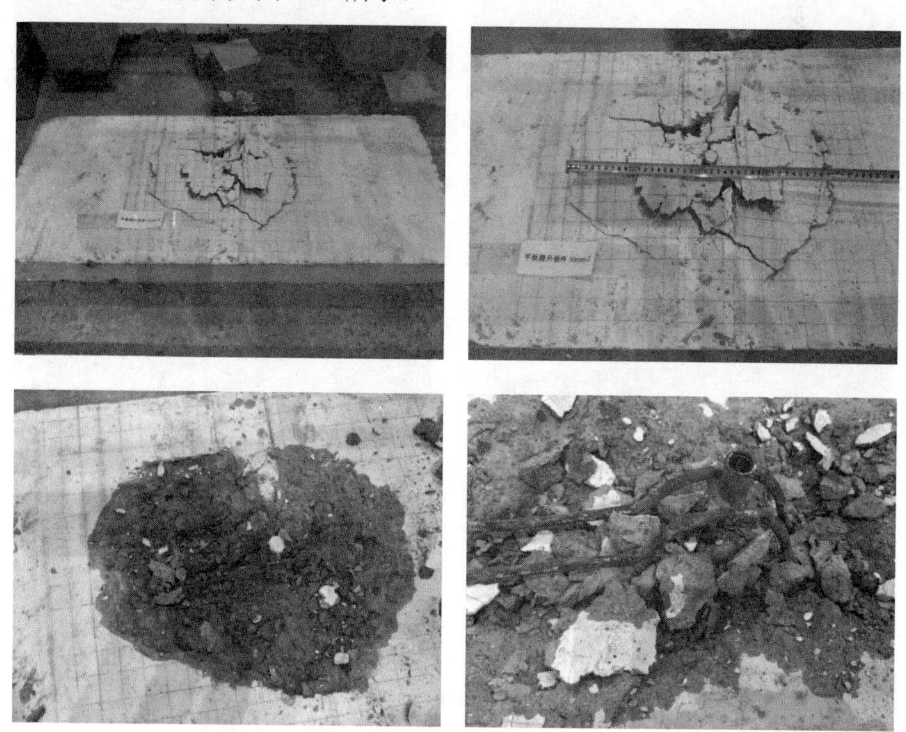

图 4-17　LB17 试件破坏现象

Fig.4.17　Failure phenomena of specimens LB17

破坏现象：试件加载过程中，加载初期时预埋吊件和混凝土试件均未见明显变化，在荷载为13.97kN时试件内部出现响动，表面开始出现以预埋吊件为主中心向外扩展的裂缝，裂缝呈圆形迅速扩展，LB17试件发生了以预埋吊件为中心的椭圆锥体破坏，外部椭圆长直径约为400mm，短直径约为300mm，内部圆形直径约为200mm，深度为30mm，锥形体角度约为17°。

（18）平板提升管件（36mm）：编号LB18（LB18-1，LB18-2，LB18-3）其混凝土试件破坏现象如图4-18所示。

破坏现象：试件加载过程中，加载初期时预埋吊件和混凝土试件均未见明显变化，在荷载为20kN时试件内部出现响动，表面开始出现裂缝，裂缝呈圆锥体形状迅速扩展，LB18试件发生了以预埋吊件为中心的椭圆锥体破坏，长体直径约为450mm，短直径约为300mm，深度为36mm，角度约为13°。

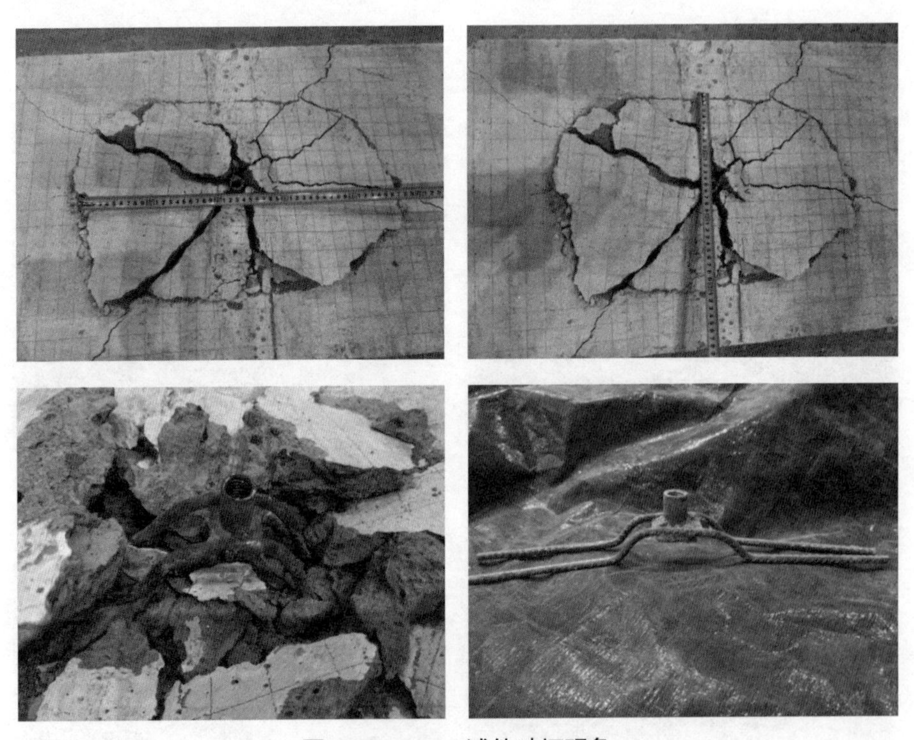

图4-18 LB18试件破坏现象

Fig.4.18 Failure phenomena of specimens LB18

4.1.2 破坏模式

根据以上18组预埋吊件混凝土试件的试验现象，现将拉拔试验中的破坏模式整理如表4-1所示。

试验破坏模式　　表 4-1

Failure mode in test　　Tab.4.1

名称	编号	直径（mm）	埋深（mm）	尺寸（mm×mm×mm）	破坏模式	破坏角度（°）
TPA-FS 型伸展锚钉	LB1	—	130	1200×200×400（工字型）	锥体破坏	28
	LB2	—	120		锥体破坏	31
圆锥头端眼锚栓	LB3	10	68	1200×200×400（工字型）	锥体破坏	24
	LB4	16	90		锥体破坏	29
提升管件	LB5	16	61	1200×150×400（工字型）	锥体破坏	31
	LB6	24	73		锥体破坏	32
联合锚栓	LB7	12	100	1200×200×400（工字型）	锥体破坏	27
	LB8			1200×400×400	拉断破坏	—
	LB9	16	130	1200×200×400（工字型）	锥体破坏	30
	LB10			1200×400×400	拉断破坏	—
楼板元件-圆锥头吊装锚栓	LB11	10	68	1200×200×200（工字型）	锥体破坏	34
	LB12			1200×400×200	锥体破坏	34
	LB13	16	85	1200×200×200（工字型）	锥体破坏	35
	LB14			1200×400×200	锥体破坏	30
TPA-FF 型平足锚钉	LB15	—	40	1200×400×200	锥体破坏	14
	LB16	—	50		锥体破坏	18
平板提升管件	LB17	12	30	1200×500×120	锥体破坏	17
	LB18	16	36		锥体破坏	13

根据上表可对预埋吊件在拉拔试验中的破坏模式总结如下：

（1）在拉拔试验中，主要的破坏模式为锥体破坏，只有联合锚栓在边距较大的情况下发生了拉断破坏，主要原因是由于边距增大，作用在预埋吊件上的承载力增大，超过了其极限抗拉强度，导致吊件发生拉断破坏；

（2）根据英国规范《CEN/TR 15728》中规定，理想锥形体破坏角度为35°，试验中得到的破坏角度均小于理想角度。原因总结如下：

1）底部配置尾筋的预埋吊件，如平板提升管件需在尾部配置两根钢筋，试验中采用焊接的方式将其连接在一起，使其成为一体，在拉拔试验中，预埋吊件承受拉拔力作用时，尾筋也同时受到向上的力，当拉拔力达到一定程度，钢筋对混凝土产生向上的力，使上部混凝土破裂，从而增大了尾筋配置方向上的破坏长度，使破坏区域由理论上的圆锥体变成椭圆锥体，破坏角度随之减小。

2）为防止基材混凝土在拉力作用下发生受弯破坏，需配置受弯钢筋，对于配置尾筋埋深较浅的预埋吊件在受到拉力过程中，可能会接触到试件中的抗弯钢筋，使抗弯钢筋受力先于预埋吊件底部。随着拉拔力的增大，锥形裂缝首先沿着抗弯钢筋延展，使破坏区域的锥形体高度低于理论值，破坏角度不可避免的低于理论破坏角度。

4.2 荷载-位移曲线

4.2.1 拉拔试验中荷载-位移曲线

本次试验通过DH-3816静态应变仪，可直接测得每个试件的荷载-位移曲线。为了更好地对比荷载变化趋势，笔者将同一种预埋吊件在不同埋深和不同边距影响下的荷载-位移曲线分别拟合在同一个曲线图中，具体曲线如图4-19和图4-20所示。

1）边距相同，埋深不同

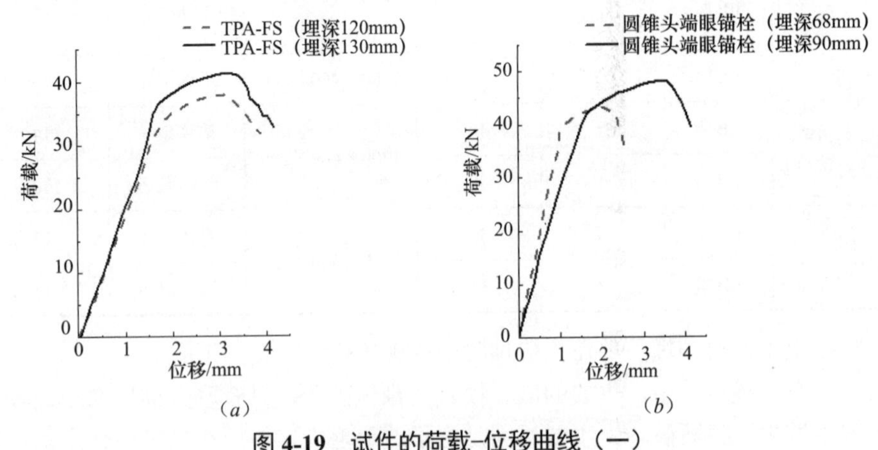

图4-19 试件的荷载-位移曲线（一）

Fig.4.19 Load-displacement curve of the specimens(1)

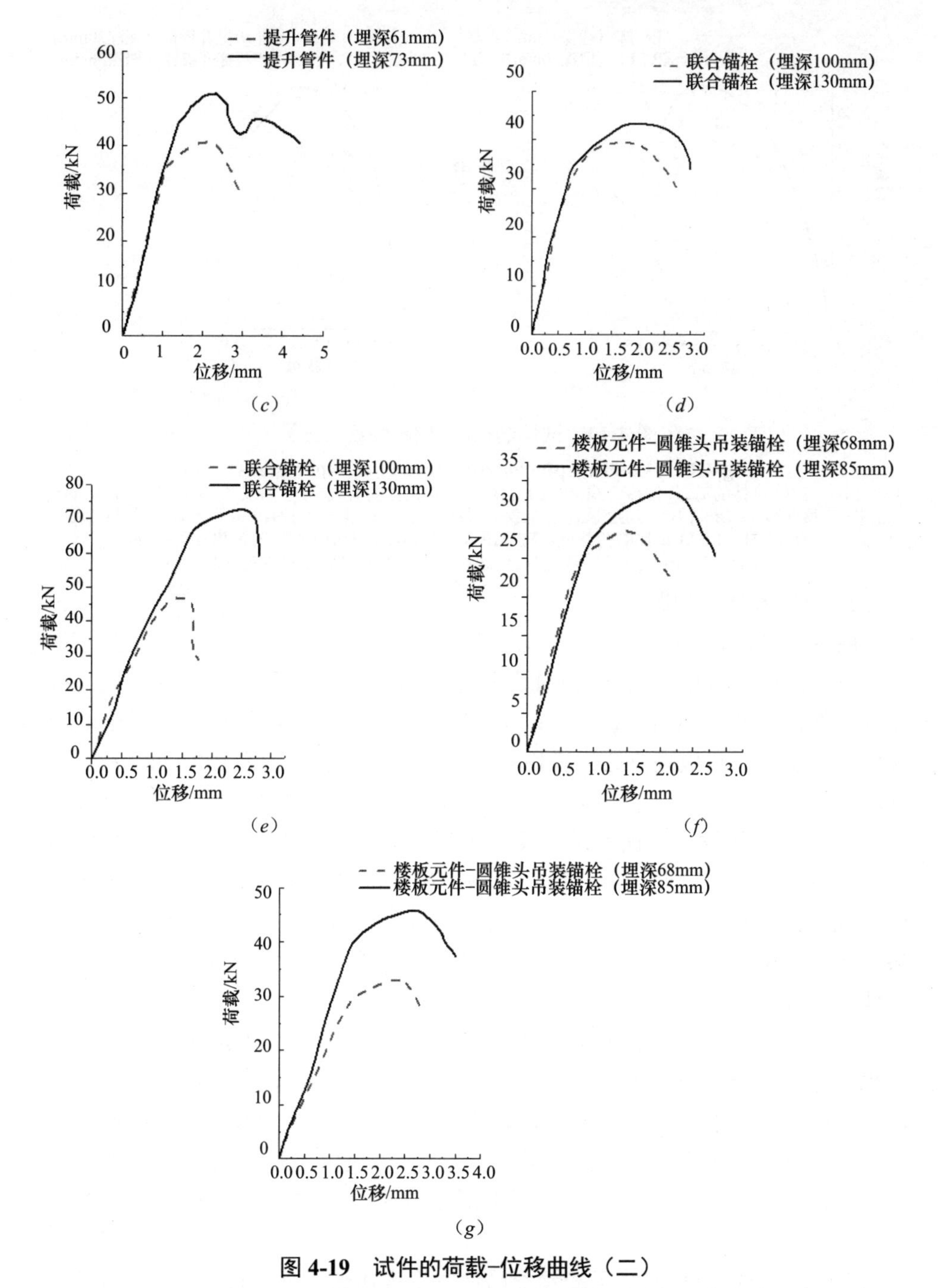

图 4-19　试件的荷载-位移曲线（二）

Fig.4.19　Load-displacement curve of the specimens(2)

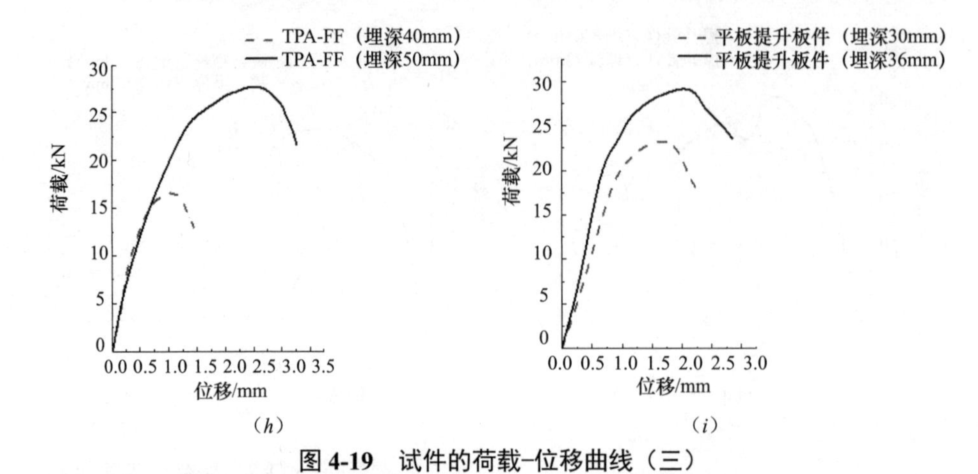

图 4-19　试件的荷载-位移曲线（三）

Fig.4.19　Load-displacement curve of the specimens（3）

（*a*）LB1、LB2 试件的荷载-位移曲线；（*b*）LB3、LB4 试件的荷载-位移曲线；（*c*）LB5、LB6 试件的荷载-位移曲线；（*d*）LB7、LB9 试件的荷载-位移曲线；（*e*）LB8、LB10 试件的荷载-位移曲线；（*f*）LB11、LB13 试件的荷载-位移曲线；（*g*）LB12、LB14 试件的荷载-位移曲线；（*h*）LB15、LB16 试件的荷载-位移曲线；（*i*）LB17、LB18 试件的荷载-位移曲线

2）埋深相同，边距不同

由图可得如下结论：

（1）拉拔试验中，荷载-位移曲线主要分为 3 个阶段：1）弹性阶段：荷载加载初期，荷载-位移曲线基本上呈线性变化，此时预埋吊件与混凝土的受力区域共同变形，其极限荷载为弹性极限荷载，该荷载一般为 0.7 ～ $0.8F_u$，这一阶段为预埋吊件的安全使用阶段。2）弹塑性阶段：当预埋吊件受到的轴向荷载超过弹性极限荷载时，预埋吊件及其周围混凝土的变形开始增大，此时荷载-位移曲线向位移轴弯曲，荷载增长较慢，相对位移增长较快。试件破坏现象表现为混凝土基材裂缝开始扩展，直到达到极限荷载 F_u。3）破坏阶段：当荷载超过极限荷载值后，荷载急剧下降，相对位移继续增大，此时吊装系统失效，试件发生破坏。

（2）其中，穿筋类预埋吊件的荷载-位移曲线，如图 4-19（*c*）所示，曲线也可分为三个阶段：弹性阶段，弹塑性阶段及破坏阶段。不同的是在破坏阶段，当荷载急剧下降一段后，荷载又开始增大，这是因为预埋吊件的尾筋与周围混凝土之间的粘结力开始发挥作用，外部荷载由尾筋直接传递给周围混凝土。因此，穿筋类预埋吊件在周围混凝土发生严重破坏时依然有一定的安全储备。

（3）由荷载-位移曲线可知预埋吊件发生锥体破坏时，其弹性阶段较长，弹塑性曲线较短，即吊件发生锥体破坏是脆性破坏。若发生拉断破坏，其所施加荷载超过极限荷载后，荷载迅速降低。

（4）由图可知，同一预埋吊件在基材边距相同时，有效埋置深度越大，承载力越高；同一预埋吊件在有效埋置深度相同时，基材边距越大，承载力越高。

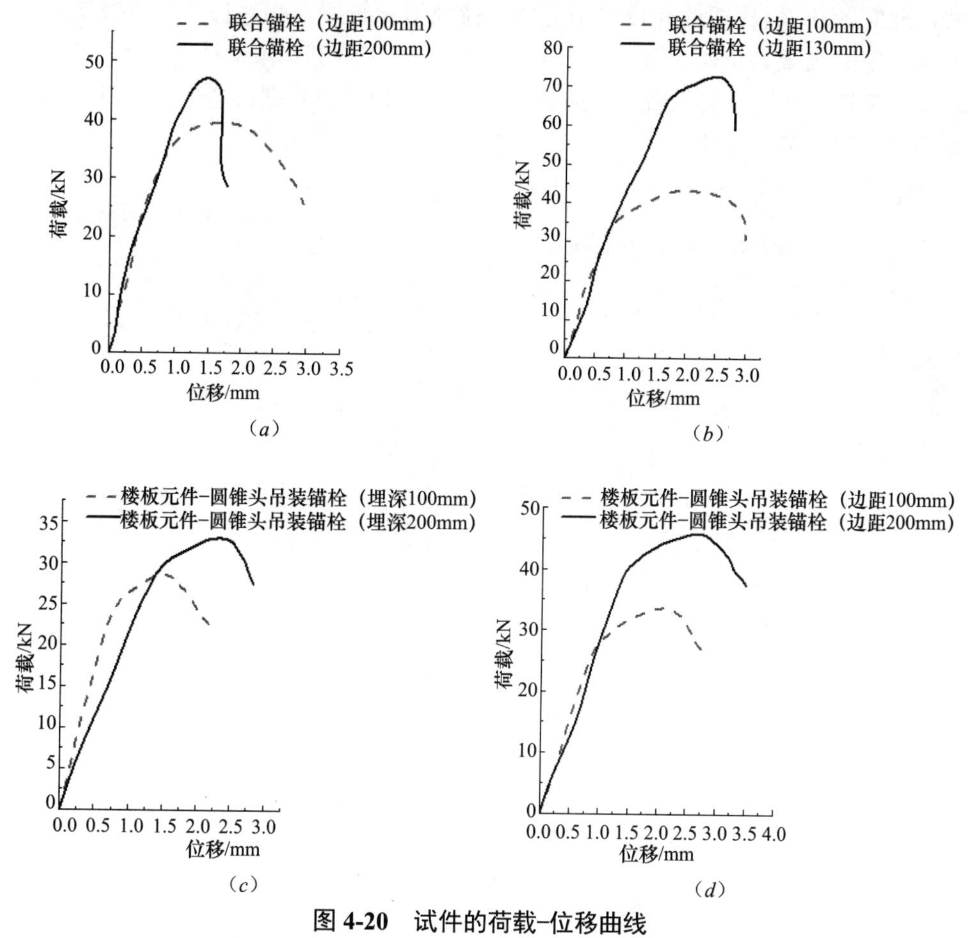

图 4-20　试件的荷载-位移曲线

Fig.4.20　Load-displacement curve of the specimens

（*a*）LB7、LB8 试件的荷载-位移曲线；（*b*）LB9、LB10 试件的荷载-位移曲线；（*c*）LB11、LB12 试件的荷载-位移曲线；（*d*）LB13、LB14 试件的荷载-位移曲线

4.2.2　拉剪耦合试验中荷载-位移曲线

荷载-位移曲线可通过 DH-3816 静态应变仪直接测出。本次只选取每组试件的一个试件的典型曲线进行描述，具体曲线如图 4-21 所示。

由图可知，拉剪耦合试验中，荷载-位移曲线主要分为 3 个阶段：1）弹性阶段：外荷载小于极限荷载30%时混凝土基体未出现裂缝，荷载与位移线性相关。当荷载达到30%极限荷载，试件开始出现细微裂缝。2）塑性阶段：当预埋吊件受到的轴向荷载达到80%极限荷载时，预埋吊件及其周围混凝土的变形开始增大，此时荷载-位移曲线向位移轴弯曲，荷载增长较慢，相对位移增长较快。试件破坏现象表现为混凝土基材裂缝开始扩展，直到达到极限荷载 F_u。3）破坏阶段：当荷载超过极限荷载值后，荷载急剧下降，相对位移继续增大，此时吊装系统失效，试件发生破坏。

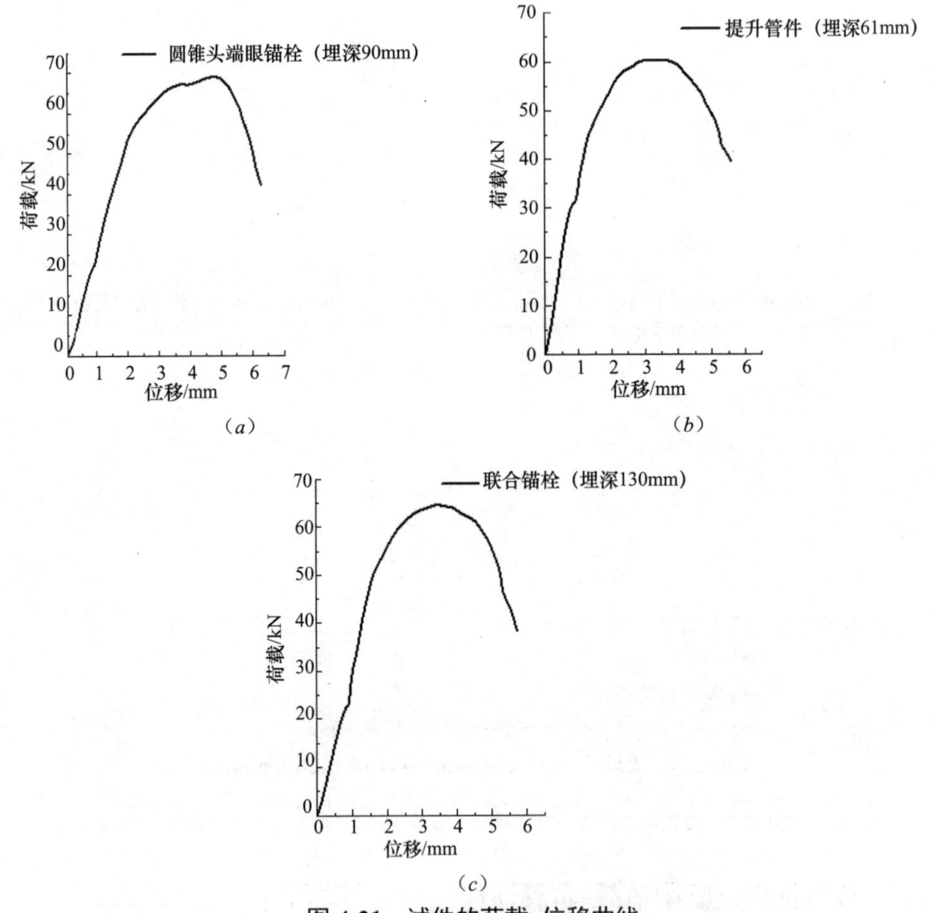

图 4-21 试件的荷载-位移曲线

Fig.4.21 Load-displacement curve of the specimens

（*a*）LJ1 试件的荷载-位移曲线；（*b*）LJ2 试件的荷载-位移曲线；
（*c*）LJ3 试件的荷载-位移曲线

4.3　拉拔试验数据对比分析

通过对预埋吊件在不同影响因素下进行拉拔试验得到的极限承载力进行对比，分析预埋吊件的埋深、边距等对于抗拉承载力的影响。按照各个规范规定的预埋吊件抗拉承载力计算公式进行计算，分析各规范对于抗拉承载力计算公式的异同。

4.3.1　试验数据

将拉拔试验中 54 个预埋吊件在拉拔作用下的承载力进行整理，见表 4-2。

试验极限承载力　表 4-2

Ultimate bearing capacity of test　Tab.4.2

名称	编号	基材边距（mm）	直径（mm）	埋深（mm）	极限承载力（kN）	极限承载力平均值（kN）
TPA-FS 型伸展锚钉	LB1	100	—	130	40.05、42.21、41.85	41.37
	LB2	100	—	120	37.38、38.90、36.07	37.45
圆锥头端眼锚栓	LB3	100	10	68	42.74、41.95、43.42	42.70
	LB4	100	16	90	48.70、48.32、47.28	48.10
提升管件	LB5	75	16	61	38.08、41.23、41.38	40.23
	LB6	75	20	73	51.10、48.21、53.21	50.84
联合锚栓	LB7	100	12	100	39.45、40.23、38.67	39.45
	LB8	200			48.87、49.14、43.52	48.51
	LB9	100	16	130	43.15、43.56、45.80	44.17
	LB10	200			71.84、72.76、74.43	73.01
楼板元件-圆锥头吊装锚栓	LB11	100	10	68	27.96、29.04、27.69	28.23
	LB12	200			31.79、33.12、32.23	32.38
	LB13	100	16	85	34.86、34.24、35.00	34.70
	LB14	200			46.59、45.78、46.89	46.42

续表

名称	编号	基材边距（mm）	直径（mm）	埋深（mm）	极限承载力（kN）	极限承载力平均值（kN）
TPA-FF型平足锚钉	LB15	200	—	40	16.79、17.07、16.87	16.91
	LB16	200	—	50	26.50、25.75、24.34	25.53
平板提升管件	LB17	250	12	30	21.78、24.25、22.45	22.83
	LB18	250	16	36	28.63、27.45、30.59	28.89

（1）埋深对预埋吊件的影响

本组试验主要是通过对比同种预埋吊件在埋深不同，其他条件均相同的条件下的极限承载力大小，进而说明预埋吊件的有效埋置深度对于承载力大小的影响。为了更直观地表现埋深对于承载力大小的影响，现将LB1与LB2，LB3与LB4，LB5与LB6，LB7与LB9，LB8与LB10，LB11与LB13，LB12与LB14，LB15与LB16，LB17与LB18共9组18个试件的极限承载力绘制成图4-22。

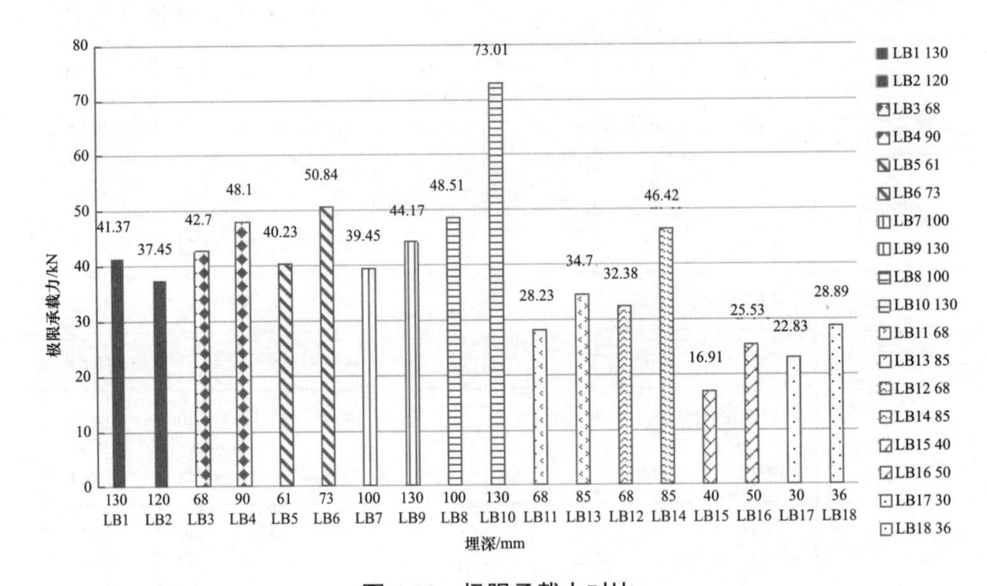

图4-22 极限承载力对比

Fig.4.22 Comparing ultimate bearing capacity

对比图4-22中试件LB1与LB2等9组试件在不同埋深下的极限承载力，可知同种预埋吊件在边距相同的情况下，埋置深度越大，预埋吊件的极限抗拉承载力越大。

（2）基材边距对预埋吊件的影响

本组试验主要是通过对比同种预埋吊件在基材边距不同，其他条件均相同的条件下的极限承载力大小，进而说明基材边距对于承载力大小的影响。为了更直观地表现边距对于承载力大小的影响，现将 LB7 与 LB8、LB9 与 LB10、LB11 与 LB12 和 LB13 与 LB14 共 4 组 8 个试件的极限承载力绘制成图 4-23。

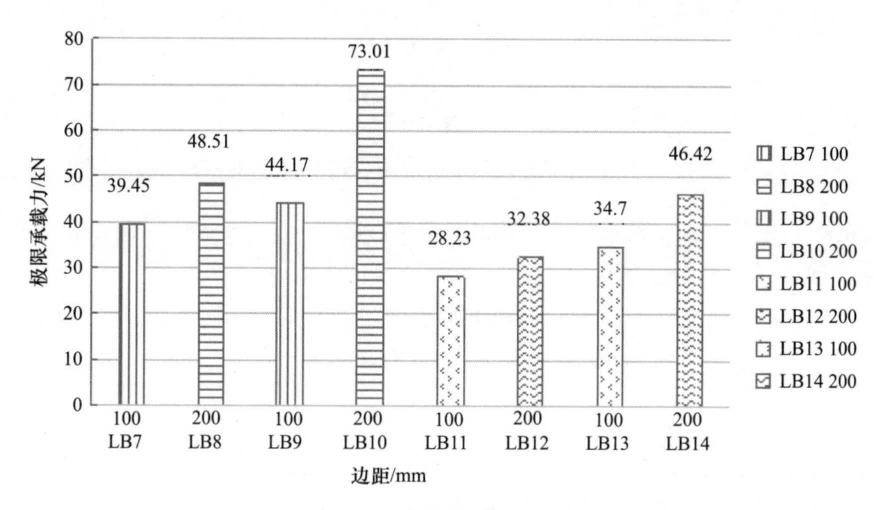

图 4-23　极限承载力对比

Fig.4.23　Comparing ultimate bearing capacity

对比图 4-23 中 LB7 与 LB8 等 4 组试件在不同基材边距下的极限承载力，可知同种预埋吊件在埋深相同的情况下，边距越大，预埋吊件的极限抗拉承载力越大。

通过对对拉拔试验得出的各类预埋吊件的极限承载力进行对比分析，可得出以下结论：

（1）对比 LB1 与 LB2，LB3 与 LB4，LB5 与 LB6，LB7 与 LB9，LB8 与 LB10，LB11 与 LB13，LB12 与 LB14，LB15 与 LB16，LB17 与 LB18 共 9 组 18 个试件的极限承载力，可知同种预埋吊件在边距相同的情况下，埋置深度越大，预埋吊件的抗拉承载力越大；

（2）LB7 与 LB8、LB9 与 LB10、LB11 与 LB12 和 LB13 与 LB14 共 4 组 8 个试件的极限承载力，可知同种预埋吊件在埋置深度相同的情况下，边距越大，预埋吊件的抗拉承载力越大。

4.3.2 《混凝土结构后锚固技术规程》JGJ 145—2013 规范理论值

本次拉拔试验中主要发生的破坏为混凝土锥体破坏和预埋吊件拉断破坏，承载力标准值按照第 2 章节中所给的式（2-2）、式（2-4）和式（2-5）进行计算。

（1）拉断破坏

$$N_{\mathrm{Rk,s}}=A_{\mathrm{s}}f_{\mathrm{yk}} \tag{2-2}$$

（2）锥体破坏

$$N_{\mathrm{Rk,c}}=N_{\mathrm{Rk,c}}^{0}\frac{A_{\mathrm{c,N}}}{A_{\mathrm{c,N}}^{0}}\varphi_{\mathrm{S,N}}\varphi_{\mathrm{re,N}}\varphi_{\mathrm{ec,N}} \tag{2-4}$$

其中，混凝土不开裂时，$N_{\mathrm{Rk,c}}^{0}=9.8\sqrt{f_{\mathrm{cu,k}}}h_{\mathrm{ef}}^{1.5}$ （2-5）

计算公式中，$\frac{A_{\mathrm{c,N}}}{A_{\mathrm{c,N}}^{0}}$ 表示有边距影响与无边距影响下的预埋面积比值，$\varphi_{\mathrm{S,N}}$ 表示边距影响系数，$\varphi_{\mathrm{re,N}}$ 表示配筋剥离作用影响系数，$\varphi_{\mathrm{ec,N}}$ 表示荷载偏心影响系数，f_{yk} 表示预埋吊件屈服强度标准值。各系数计算值见表 4-3 所示。

各系数计算值 表 4-3

Calculated values of each coefficient Tab.4.3

名称	编号	h_{ef}（mm）	$N_{\mathrm{Rk,c}}^{0}$（kN）	$\frac{A_{\mathrm{c,N}}}{A_{\mathrm{c,N}}^{0}}$	$\varphi_{\mathrm{S,N}}$	$\varphi_{\mathrm{re,N}}$	$\varphi_{\mathrm{ec,N}}$	A_{s}（$\mathrm{mm^2}$）	f_{yk}（$\mathrm{N/mm^2}$）	$N_{\mathrm{Rk,c}}$（$N_{\mathrm{Rk,s}}$）（kN）
TPA-FS 型伸展锚钉	LB1	130	57.13	0.51	0.85	1	1	—	—	25.02
	LB2	120	50.67	0.56	0.87	1	1	—	—	24.40
圆锥头端眼锚栓	LB3	68	21.61	0.98	0.99	1	1	—	—	21.07
	LB4	90	32.91	0.74	0.92	1	1	—	—	22.48
提升管件	LB5	61	18.36	0.82	0.95	1	1	—	—	14.24
	LB6	73	24.04	0.68	0.90	1	1	—	—	14.91
联合锚栓	LB7	100	38.55	0.67	0.9	1	1	—	—	23.13
	LB8	100	—	—	—	—	—	113.10	345	39.02
	LB9	130	57.13	0.51	0.85	1	1	—	—	25.02
	LB10	130	—	—	—	—	—	201.06	345	69.37
楼板元件-圆锥头吊装锚栓	LB11	68	21.61	0.98	0.85	0.84	1	—	—	17.70
	LB12			1	1	0.84	1	—	—	18.16

续表

名称	编号	h_{ef}（mm）	$N^0_{Rk,c}$（kN）	$\frac{A_{c,N}}{A^0_{c,N}}$	$\varphi_{S,N}$	$\varphi_{re,N}$	$\varphi_{ec,N}$	A_s（mm^2）	f_{yk}（N/mm^2）	$N_{Rk,c}$（$N_{Rk,s}$）（kN）
楼板元件-圆锥头吊装锚栓	LB13	85	30.21	0.78	0.99	0.93	1	—	—	20.50
	LB14			1	1	0.93	1	—	—	27.94
TPA-FF型平足锚钉	LB15	40	9.75	1	0.94	1	1	—	—	9.75
	LB16	50	13.63	1	1	1	1	—	—	13.63
平板提升管件	LB17	30	6.33	1	1	1	1	—	—	6.33
	LB18	36	8.33	1	1	1	1	—	—	8.32

根据该规范得出的理论值与试验所得的极限承载力进行对比，其对比数据见表 4-4 所示。

数据对比　　表 4-4

The comparative of date　　Tab.4.4

名称	编号	破坏形式	规范理论值 $N_{Rk,c}$（$N_{Rk,s}$）（kN）	极限承载力 N（kN）	比值 $N/N_{Rk,c}$（$N_{Rk,s}$）
TPA-FS型伸展锚钉	LB1	锥体破坏	25.02	41.37	1.7
	LB2	锥体破坏	24.40	37.45	1.5
圆锥头端眼锚栓	LB3	锥体破坏	21.07	42.70	2.0
	LB4	锥体破坏	22.48	48.10	2.1
提升管件	LB5	锥体破坏	14.24	40.23	2.8
	LB6	锥体破坏	14.91	50.84	3.4
联合锚栓	LB7	锥体破坏	23.13	39.45	1.7
	LB8	拉断破坏	39.02	48.51	1.2
	LB9	锥体破坏	25.02	44.17	1.8
	LB10	拉断破坏	69.37	73.01	1.1
楼板元件-圆锥头吊装锚栓	LB11	锥体破坏	17.70	28.23	1.6

续表

名称	编号	破坏形式	规范理论值 $N_{Rk,c}$（$N_{Rk,s}$）（kN）	极限承载力 N（kN）	比值 $N/N_{Rk,c}$（$N_{Rk,s}$）
楼板元件–圆锥头吊装锚栓	LB12	锥体破坏	18.16	32.38	1.8
	LB13	锥体破坏	20.50	34.70	1.7
	LB14	锥体破坏	27.94	46.42	1.7
TPA-FF 型平足锚钉	LB15	锥体破坏	9.75	16.91	1.7
	LB16	锥体破坏	13.63	25.53	1.9
平板提升管件	LB17	锥体破坏	6.33	22.83	3.6
	LB18	锥体破坏	8.32	28.89	3.5

通过表 4-4 可知，当拉拔试验中发生混凝土锥体破坏时，试验得出的极限承载力大于通过《技术规程》中规定的计算公式得出的理论值，其比值的平均值约为 2.5，范围为 1.5 ～ 3.6。其中，比值最大为 3.6，出现在平板提升管件这一类预埋吊件中；最小为 1.5，出现在 TPA-FS 型伸展锚钉这一类预埋吊件中。

当拉拔试验中发生预埋吊件拉断破坏时，试验得出的极限承载力大于通过《技术规程》中规定的计算公式得出的理论值，其比值的平均值约为 1.15。

4.3.3 《ACI 318》规范理论值

本次拉拔试验中主要发生的破坏为混凝土锥体破坏和预埋吊件拉断破坏，承载力标准值按照第 2 章节中所给的式（2-10）、式（2-12）和式（2-13）进行计算。

（1）拉断破坏

$$N_{sa}=nA_{se}f_{uta} \tag{2-10}$$

（2）锥体破坏

$$N_{cbg}=\frac{A_{nc}}{A_{nco}}\varphi_{ed,n}\varphi_{c,n}\varphi_{cp,n}N_b \tag{2-12}$$

$$N_b=k_c\sqrt{f_c'}h_{ef}^{1.5} \tag{2-13}$$

其中，采用现浇工艺时，$k_c=10$；

计算公式中，$\varphi_{ed,n}$ 表示边距修正系数，$\varphi_{c,n}$ 表示当混凝土未开裂时对应的修正系数，$\varphi_{cp,n}$ 表示混凝土基本破坏强度修正系数，f_{uta} 表示钢材抗拉强度标准值。各计算值见表 4-5 所示。

各系数计算值 表 4-5

Calculated values of each coefficient Tab.4.5

名称	编号	h_{ef}（mm）	N_b（kN）	$\frac{A_{c,N}}{A_{c,N}^0}$	$\varphi_{ed,n}$	$\varphi_{c,n}$	$\varphi_{cp,n}$	A_{se}（mm^2）	f_{uta}（N/mm^2）	N_{cbg}（N_{sa}）（kN）
TPA-FS型伸展锚钉	LB1	130	58.30	0.51	0.85	1.25	1	—	—	31.91
	LB2	120	51.70	0.56	0.87	1.25	1	—	—	31.12
圆锥头端眼锚栓	LB3	68	22.06	0.98	0.99	1.25	1	—	—	26.87
	LB4	90	33.58	0.74	0.92	1.25	1	—	—	28.68
提升管件	LB5	61	18.74	0.82	0.95	1.25	1	—	—	18.16
	LB6	73	24.53	0.68	0.90	1.25	1	—	—	19.02
联合锚栓	LB7	100	39.33	0.67	0.9	1.25	1	—	—	29.50
	LB8	100	—	—	—	—	—	113.10	500	56.55
	LB9	130	58.30	0.51	0.85	1.25	1	—	—	31.91
	LB10	130	—	—	—	—	—	201.06	500	100.53
楼板元件-圆锥头吊装锚栓	LB11	68	22.06	0.98	0.99	1.25	1	—	—	26.87
	LB12			1	1	1.25	1	—	—	27.57
	LB13	85	30.82	0.78	0.94	1.25	1	—	—	28.26
	LB14			1	1	1.25	1	—	—	38.53
TPA-FF型平足锚钉	LB15	40	9.95	1	1	1.25	1	—	—	12.44
	LB16	50	13.91	1	1	1.25	1	—	—	17.38
平板提升管件	LB17	30	6.46	1	1	1.25	1	—	—	8.08
	LB18	36	8.50	1	1	1.25	1	—	—	10.62

根据该规范得出的理论值与试验所得的极限承载力进行对比，其对比数据见下见表 4-6 所示。

数据对比 表 4-6

The comparative of date Tab.4.6

名称	编号	破坏形式	规范理论值 N_{cbg}（N_{sa}）（kN）	极限承载力 N（kN）	比值 N/N_{cbg}（N_{sa}）
TPA-FS 型伸展锚钉	LB1	锥体破坏	31.91	41.37	1.3
	LB2	锥体破坏	31.12	37.45	1.2
圆锥头端眼锚栓	LB3	锥体破坏	26.87	42.70	1.6
	LB4	锥体破坏	28.68	48.10	1.7
提升管件	LB5	锥体破坏	18.16	40.23	2.2
	LB6	锥体破坏	19.02	50.84	2.7
联合锚栓	LB7	锥体破坏	29.50	39.45	1.3
	LB8	拉断破坏	56.55	48.51	—
	LB9	锥体破坏	31.91	44.17	1.4
	LB10	拉断破坏	100.53	73.01	—
楼板元件-圆锥头吊装锚栓	LB11	锥体破坏	26.87	28.23	1.1
	LB12	锥体破坏	27.57	32.38	1.2
	LB13	锥体破坏	28.26	34.70	1.2
	LB14	锥体破坏	38.53	46.42	1.2
TPA-FF 型平足锚钉	LB15	锥体破坏	12.44	16.91	1.4
	LB16	锥体破坏	17.38	25.53	1.5
平板提升管件	LB17	锥体破坏	8.08	22.83	2.8
	LB18	锥体破坏	10.62	28.89	2.7

通过表 4-6 可知，当拉拔试验中发生混凝土锥体破坏时，试验得出的极限承载力大于通过《ACI 318》中规定的计算公式得出的理论值，其比值的平均值约为 1.9，范围为 1.1 ～ 2.8。其中，比值最大为 2.8，出现在平板提升板件这一类预埋吊件中；最小为 1.1，出现在楼板元件-圆锥头吊装锚栓这一类预埋吊件中。

当拉拔试验中联合锚栓发生拉断破坏时，通过《ACI 318》中规定的计算公式得出的理论值大于试验得出的极限承载力。《ACI 318》计算公式中，预埋吊件的破坏强度取为抗拉强度而不是屈服强度，故计算得出的理论值远大于通过《技术规程》计算得出的理论值。

4.3.4 《CEN/TR 15728》规范理论值

本次拉拔试验中主要发生的破坏为混凝土锥体破坏和预埋吊件拉断破坏，承载力标准值按照第 2 章节中所给的式（2-15）、式（2-16）和式（2-18）进行计算。

（1）拔断破坏

$$N_{\mathrm{Rd,s}}=f_{\mathrm{yd}}\times A_{\mathrm{s}} \tag{2-15}$$

（2）锥体破坏

$$N_{\mathrm{Rd,c}}=N^{0}_{\mathrm{Rd,c}}\times\frac{A_{\mathrm{c,N}}}{A^{0}_{\mathrm{c,N}}}\psi_{\mathrm{s,N}}\times\psi_{\mathrm{re,N}}\times\psi_{\mathrm{ec,N}} \tag{2-16}$$

$$N^{0}_{\mathrm{Rk,c}}=K_{\mathrm{N}}\times\sqrt{f_{\mathrm{c,cube}}}\times h_{\mathrm{ef}}^{1.5} \tag{2-18}$$

规范中推荐 K_{N} 取 11.9。

计算公式中，$\psi_{\mathrm{s,N}}$ 表示边距影响系数，$\psi_{\mathrm{re,N}}$ 表示配筋剥离作用影响系数，$\psi_{\mathrm{ec,N}}$ 表示荷载偏心影响系数。各系数计算值见表 4-7 所示。

各系数计算值　　表 4-7

Calculated values of each coefficient　　Tab.4.7

名称	编号	h_{ef}（mm）	$N^{0}_{\mathrm{Rk,c}}$（kN）	$\frac{A_{\mathrm{c,N}}}{A^{0}_{\mathrm{c,N}}}$	$\psi_{\mathrm{s,N}}$	$\psi_{\mathrm{re,N}}$	$\psi_{\mathrm{ec,N}}$	A_{s}（mm^2）	f_{yd}（$\mathrm{N/mm}^2$）	$N_{\mathrm{Rk,C}}$（$N_{\mathrm{Rk,s}}$）（kN）
TPA-FS 型伸展锚钉	LB1	130	69.38	0.51	0.85	1	1	—	—	30.38
	LB2	120	61.53	0.56	0.87	1	1	—	—	29.62
圆锥头端眼锚栓	LB3	68	26.25	0.98	0.99	1	1	—	—	25.58
	LB4	90	39.96	0.74	0.92	1	1	—	—	27.30
提升管件	LB5	61	22.30	0.82	0.95	1	1	—	—	17.29
	LB6	73	29.19	0.68	0.90	1	1	—	—	18.11
联合锚栓	LB7	100	46.80	0.67	0.9	1	1	—	—	28.08
	LB8	100	—	—	—	—	—	113.10	345	39.02
	LB9	130	69.38	0.51	0.85	1	1	—	—	30.38

续表

名称	编号	h_{ef}（mm）	$N^0_{Rk,c}$（kN）	$\frac{A_{c,N}}{A^0_{c,N}}$	$\psi_{s,N}$	$\psi_{re,N}$	$\psi_{ec,N}$	A_s（mm^2）	f_{yd}（N/mm^2）	$N_{Rk,C}$（$N_{Rk,s}$）（kN）
联合锚栓	LB10	130	—	—	—	—	—	201.06	345	69.37
楼板元件-圆锥头吊装锚栓	LB11	68	26.25	0.98	0.99	0.84	1	—	—	21.49
	LB12			1	1	0.84	1	—	—	22.05
	LB13	85	36.68	0.78	0.94	0.93	1	—	—	24.89
	LB14			1	1	0.93	1	—	—	33.93
TPA-FF型平足锚钉	LB15	40	11.84	1	1	1	1	—	—	11.84
	LB16	50	16.55	1	1	1	1	—	—	16.55
平板提升管件	LB17	30	7.69	1	1	1	1	—	—	7.69
	LB18	36	10.11	1	1	1	1	—	—	10.11

根据该规范得出的理论值与试验所得的极限承载力进行对比，其对比数据见表4-8所示。

数据对比 **表4-8**

The comparative of date **Tab.4.8**

名称	编号	破坏形式	规范理论值 $N_{Rk,C}$（$N_{Rd,s}$）（kN）	极限承载力 N（kN）	比值 $N/N_{Rk,C}$（$N_{Rk,s}$）
TPA-FS型伸展锚钉	LB1	锥体破坏	30.38	41.37	1.4
	LB2	锥体破坏	29.62	37.45	1.3
圆锥头端眼锚栓	LB3	锥体破坏	25.58	42.70	1.7
	LB4	锥体破坏	27.30	48.10	1.8
提升管件	LB5	锥体破坏	17.29	40.23	2.3
	LB6	锥体破坏	18.11	50.84	2.8
联合锚栓	LB7	锥体破坏	28.08	39.45	1.4
	LB8	拉断破坏	39.02	48.51	1.0
	LB9	锥体破坏	30.38	44.17	1.5

续表

名称	编号	破坏形式	规范理论值 $N_{Rk,C}$（$N_{Rd,s}$）（kN）	极限承载力 N（kN）	比值 $N/N_{Rk,C}$（$N_{Rk,s}$）
联合锚栓	LB10	拉断破坏	69.37	73.01	1.1
楼板元件-圆锥头吊装锚栓	LB11	锥体破坏	21.49	28.23	1.3
	LB12	锥体破坏	22.05	32.38	1.5
	LB13	锥体破坏	24.89	34.70	1.4
	LB14	锥体破坏	33.93	46.42	1.4
TPA-FF 型平足锚钉	LB15	锥体破坏	11.84	16.91	1.4
	LB16	锥体破坏	16.55	25.53	1.5
平板提升管件	LB17	锥体破坏	7.69	22.83	3
	LB18	锥体破坏	10.11	28.89	2.9

通过表 4-8 可知，当拉拔试验中发生混凝土锥体破坏时，试验得出的极限承载力大于通过《CEN/TR 15728》规定的计算公式得出的理论值，其比值的平均值约为 2.0，范围为 1.3 ～ 3.0。其中，比值最大为 3.0，出现在平板提升板件这一类预埋吊件中；最小为 1.3，出现在 TPA-FS 型伸展锚钉和楼板元件-圆锥头吊装锚栓这两类预埋吊件中。

当拉拔试验中发生预埋吊件拉断破坏时，试验得出的极限承载力大于通过《CEN/TR 1572》规定的计算公式得出的理论值，其比值的平均值约为 1.05。

4.3.5　数据对比分析

现将拉拔试验中的极限荷载值同三个规范中的理论值进行数据对比，进而分析三者之间的关系，总结出相关规律。见表 4-9 所示。

数据对比分析　　表 4-9

The comparative analysis on the date　　Tab.4.9

名称	编号	试验极限荷载（kN）	《技术规程》理论值（kN）	《ACI 318》理论值（kN）	《CEN/TR 15728》理论值（kN）
TPA-FS 型伸展锚钉	LB1	41.37	25.02	31.91	30.38
	LB2	37.45	24.40	31.12	29.62

续表

名称	编号	试验极限荷载（kN）	《技术规程》理论值（kN）	《ACI 318》理论值（kN）	《CEN/TR 15728》理论值（kN）
圆锥头端眼锚栓	LB3	42.70	21.07	26.87	25.58
	LB4	48.10	22.48	28.68	27.30
提升管件	LB5	40.23	14.24	18.16	17.29
	LB6	50.84	14.91	19.02	18.11
联合锚栓	LB7	39.45	23.13	29.50	28.08
	LB8	48.51	39.02	56.55	39.02
	LB9	44.17	25.02	31.91	30.38
	LB10	73.01	69.37	100.53	69.37
楼板元件-圆锥头吊装锚栓	LB11	28.23	17.70	26.87	21.49
	LB12	32.38	18.16	27.57	22.05
	LB13	34.70	20.50	28.26	24.89
	LB14	46.42	27.94	38.53	33.93
TPA-FF型平足锚钉	LB15	16.91	9.75	12.44	11.84
	LB16	25.53	13.63	17.38	16.55
平板提升管件	LB17	22.83	6.33	8.08	7.69
	LB18	28.89	8.32	10.62	10.11

为了更直观地将试验极限荷载与各规范得出的理论值进行对比，可将上表中的数据绘制成图表形式，拉拔试验中发生锥体破坏的试件承载力对比图如图4-24（*a*）所示，发生拉断破坏的承载力对比图如图4-24（*b*）所示。

通过承载力数据对比分析可知，

（1）试验得出的极限承载力远大于各规范计算得到的规范理论值。

（2）当拉拔试验中发生混凝土锥体破坏时，三大规范的计算公式中，通过《ACI 318》得出的理论值最大，《CEN/TR 15728》次之，《技术规程》最小。

（3）当拉拔试验中发生预埋吊件拉断破坏时，试验得出的极限承载力大于通过《技术规程》与《CEN/TR 15728》中规定的计算公式得出的理论值；通过《ACI 318》中规定的公式计算得出的规范值大于试验得出的极限承载力。

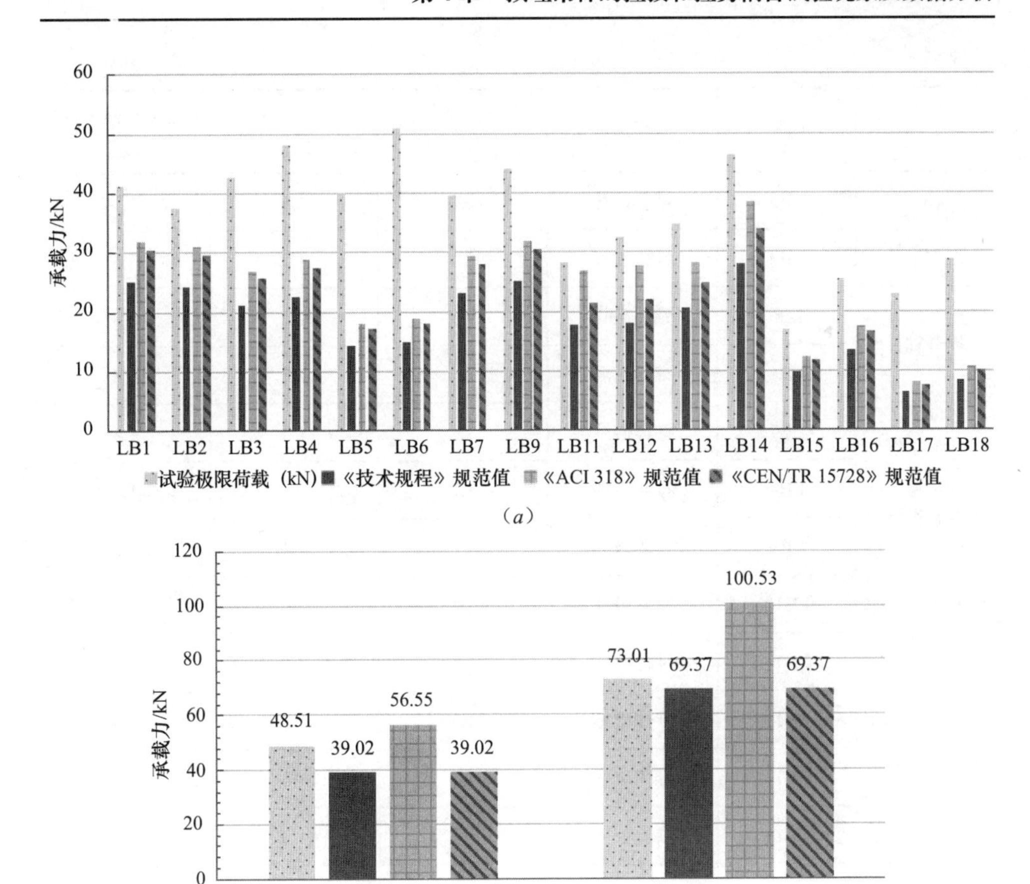

图 4-24　承载力对比

Fig.4.24　Comparing bearing capacity

为了更清晰的表现试验值与各规范之间的关系，可将试验中得到的极限承载力与通过各规范得到的理论值的比值总结见表 4-10。

试验极限荷载值与规范理论值的比值　　表 4-10

The ratio of the test limit load value to the standard theoretical value　Tab.4.10

名称	编号	破坏形式	《技术规程》比值	《ACI 318》比值	《CEN/TR 15728》比值
TPA-FS 型伸展锚钉	LB1	锥体破坏	1.7	1.3	1.4
	LB2	锥体破坏	1.5	1.2	1.3

续表

名称	编号	破坏形式	《技术规程》比值	《ACI 318》比值	《CEN/TR 15728》比值
圆锥头端眼锚栓	LB3	锥体破坏	2.0	1.6	1.7
	LB4	锥体破坏	2.1	1.7	1.8
提升管件	LB5	锥体破坏	2.8	2.2	2.3
	LB6	锥体破坏	3.4	2.7	2.8
联合锚栓	LB7	锥体破坏	1.7	1.3	1.4
	LB8	拉断破坏	1.2	—	1.0
	LB9	锥体破坏	1.8	1.4	1.5
	LB10	拉断破坏	1.1	—	1.1
楼板元件-圆锥头吊装锚栓	LB11	锥体破坏	1.6	1.1	1.3
	LB12	锥体破坏	1.8	1.2	1.5
	LB13	锥体破坏	1.7	1.2	1.4
	LB14	锥体破坏	1.7	1.2	1.4
TPA-FF型平足锚钉	LB15	锥体破坏	1.7	1.4	1.4
	LB16	锥体破坏	1.9	1.5	1.5
平板提升管件	LB17	锥体破坏	3.6	2.8	3
	LB18	锥体破坏	3.5	2.7	2.9

为了更直观地将试验极限荷载与各规范得出的理论值的比值进行对比，可将上表中的数据绘制成图表形式，拉拔试验中发生锥体破坏的试件承载力对比图如图 4-25 所示。

（1）当拉拔试验中发生混凝土锥体破坏时，极限承载力与规范理论值的比值各不相同，通过《技术规程》计算，其比值的平均值约为 2.5，范围为 1.5～3.6；通过《ACI 318》计算，其比值的平均值约为 1.9，范围为 1.1～2.8；通过《CEN/TR 15728》计算，其比值的平均值约为 2.0，范围为 1.3～3.0。在三个规范中，比值较大的均发生在平板提升管件和提升管件这两类预埋吊件中，说明这两类预埋吊件在使用时更偏于安全。比值最小的多发生在楼板元件 - 圆锥头吊装锚栓和 TPA-FS 型伸展锚钉这两类预埋吊件中，说明这两类预埋吊件在使用时安全性相比其他吊件较差一些，选用时需要注意增大其埋深或者增大数量等。

（2）当拉拔试验中发生预埋吊件拉断破坏时，试验得出的极限承载力大于通过《技术规程》与《CEN/TR 15728》中规定的计算公式得出的理论值，其比值的平均值分别为 1.15 和 1.05；通过《ACI 318》中规定的公式计算得出的规范值大于试验得出的极限承载力，《ACI 318》计算公式中，预埋吊件的破坏强度取为抗拉强度而不是屈服强度，故计算得出的理论值远大于通过《技术规程》与《CEN/TR 15728》计算得出的理论值。

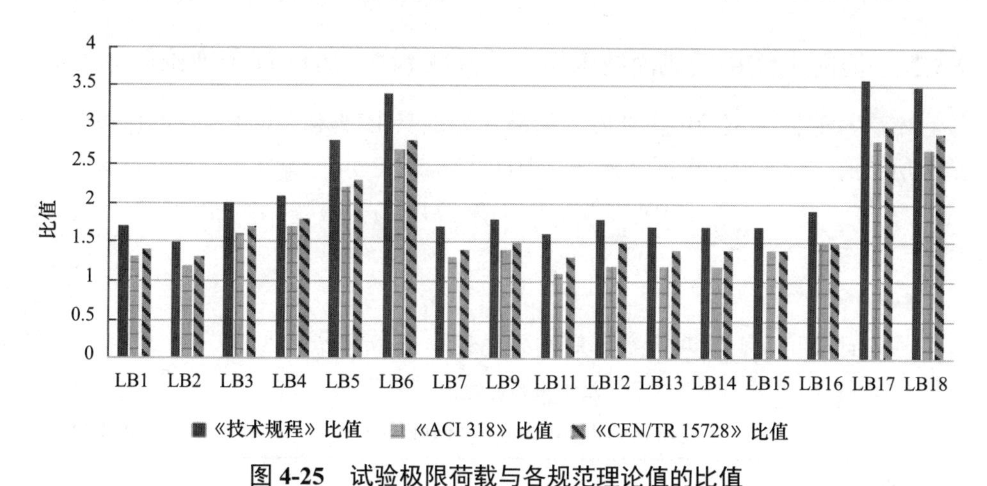

图 4-25　试验极限荷载与各规范理论值的比值

Fig.4.25　The ratio of the test limit load to the theoretical values of each standard

4.4　拉剪耦合试验数据对比分析

在扩展角为 30°的条件下对 9 个混凝土试件进行拉剪耦合试验，得出极限承载力作用下的各项分力，并将其代入各规范规定的拉剪耦合承载力计算公式中，验证公式的正确性。

4.4.1　试验数据

根据试验得出的数据，可将拉剪耦合试验中 9 个混凝土试件在拉剪耦合作用下的承载力进行整理，见表 4-11。

试验极限承载力 表 4-11

Ultimate bearing capacity of test Tab.4.11

名称	编号	基材边距（mm）	直径（mm）	埋深（mm）	极限承载力（kN）	极限承载力平均值（kN）
圆锥头端眼锚栓	LJ1	100	16	90	68.56、68.79、69.33	68.89
提升管件	LJ2	75	16	61	60.08、61.72、59.52	60.44
联合锚栓	LJ3	100	16	130	65.00、62.14、63.46	63.53

4.4.2 《混凝土结构后锚固技术规程》JGJ 145—2013 规范理论值

本次拉剪耦合试验中主要发生的破坏为混凝土破坏，承载力标准值按照第 2 章中所给的式（2-24）～式（2-26）进行计算。

$$(N_{sd} / N_{Rd,c})^{1.5} + (V_{sd} / V_{Rd,c})^{1.5} \leqslant 1 \tag{2-24}$$

$$N_{Rd,c} = N_{Rk,c} / \gamma_{Rc,N} \tag{2-25}$$

$$V_{Rd,c} = V_{Rk,c} / \gamma_{Rc,V} \tag{2-26}$$

通过计算可知，各项系数计算结果见表 4-12 所示。

各项系数计算值 表 4-12

Calculated values of each coefficient Tab.4.12

名称	编号	极限承载力（kN）	N_{sd}（kN）	$N_{Rd,c}$（kN）	V_{sd}（kN）	$V_{Rd,c}$（kN）
圆锥头端眼锚栓	LJ1-1	68.56	34.28	48.70	19.79	44.96
	LJ1-2	68.79	34.40	48.32	19.86	44.96
	LJ1-3	69.33	34.67	47.28	20.01	44.96
提升管件	LJ2-1	60.08	30.04	38.08	17.34	28.48
	LJ2-2	61.72	30.86	41.23	17.82	28.48
	LJ2-3	59.52	29.76	41.38	17.18	28.48
联合锚栓	LJ3-1	65.00	32.50	43.15	18.76	50.04
	LJ3-2	62.14	31.07	43.56	17.94	50.04
	LJ3-3	63.46	31.73	45.80	18.32	50.04

续表

名称	编号	极限承载力（kN）	$N_{sd}/N_{Rd,c}$	$V_{sd}/V_{Rd,s}$	$(N_{sd}/N_{Rd,s})^{1.5}+(V_{sd}/V_{Rd,s})^{1.5}$
圆锥头端眼锚栓	LJ1-1	68.56	0.70	0.44	0.88
	LJ1-2	68.79	0.71	0.44	0.89
	LJ1-3	69.33	0.73	0.45	0.92
提升管件	LJ2-1	60.08	0.78	0.60	1.15
	LJ2-2	61.72	0.75	0.62	1.14
	LJ2-3	59.52	0.72	0.60	1.09
联合锚栓	LJ3-1	65.00	0.75	0.37	0.88
	LJ3-2	62.14	0.71	0.35	0.81
	LJ3-3	63.46	0.69	0.35	0.79

通过表 4-12 可知，联合锚栓和圆锥头端眼锚栓的$(N_{sd}/N_{Rd,s})^{1.5}+(V_{sd}/V_{Rd,s})^{1.5}$计算值均小于 1，而提升管件的$(N_{sd}/N_{Rd,s})^{1.5}+(V_{sd}/V_{Rd,s})^{1.5}$计算值大于 1，证明《技术规程》中规定的拉剪耦合计算公式并不是对于所有的预埋吊件都适用，公式需进一步完善。为了直观地表达公式的可行性，现将试验数据在图 4-26 中表示出来。

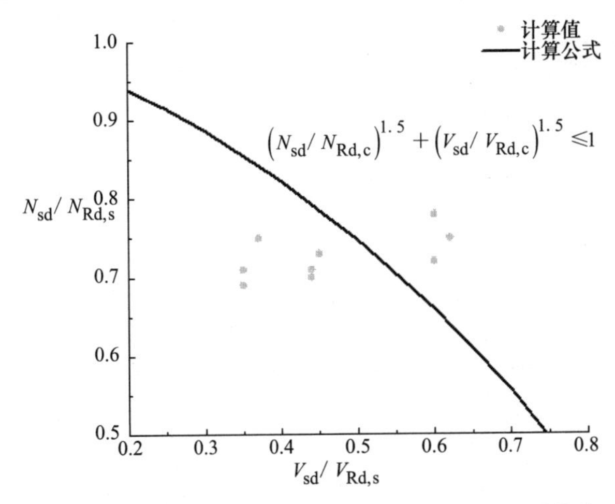

图 4-26　预埋吊件的 $V_{sd}/V_{Rd,s}$–$N_{sd}/N_{Rd,s}$ 关系曲线

Fig.4.26　The $V_{sd}/V_{Rd,s}$–$N_{sd}/N_{Rd,s}$ relation curve of the inserts

4.4.3 《ACI 318》规范理论值

承载力标准值按照第 2 章中所给的式（2-27）进行计算。规范中规定，剪力和拉力的相关性通常由下列公式表示：

$$(N_{ua}/\phi N_n)^{\xi}+(V_{ua}/\phi V_n)^{\xi}<1.0 \tag{2-27}$$

其中: ξ 一般取值为 5/3。

通过计算可知，各项系数计算结果见表 4-13 所示。

各项系数计算值　　表 4-13

Calculated values of each coefficient　　Tab.4.13

名称	编号	极限承载力（kN）	N_{ua}（kN）	ϕN_n（kN）	V_{ua}（kN）	ϕV_n（kN）
圆锥头端眼锚栓	LJ1-1	68.56	34.28	48.7	19.79	57.36
	LJ1-2	68.79	34.40	48.32	19.86	57.36
	LJ1-3	69.33	34.67	47.28	20.01	57.36
提升管件	LJ2-1	60.08	30.04	38.08	17.34	36.32
	LJ2-2	61.72	30.86	41.23	17.82	36.32
	LJ2-3	59.52	29.76	41.38	17.18	36.32
联合锚栓	LJ3-1	65.00	32.50	43.15	18.76	63.82
	LJ3-2	62.14	31.07	43.56	17.94	63.82
	LJ3-3	63.46	31.73	45.8	18.32	63.82

名称	编号	极限承载力（kN）	$N_{ua}/\phi N_n$	$V_{ua}/\phi V_n$	$(N_{ua}/\phi N_n)^{5/3}+(V_{ua}/\phi V_n)^{5/3}$
圆锥头端眼锚栓	LJ1-1	68.56	0.70	0.35	0.73
	LJ1-2	68.79	0.71	0.35	0.74
	LJ1-3	69.33	0.73	0.35	0.77
提升管件	LJ2-1	60.08	0.78	0.47	0.95
	LJ2-2	61.72	0.75	0.49	0.92
	LJ2-3	59.52	0.73	0.48	0.88
联合锚栓	LJ3-1	65.00	0.75	0.29	0.75
	LJ3-2	62.14	0.71	0.28	0.69
	LJ3-3	63.46	0.69	0.29	0.67

通过表 4-13 可知，$(N_{ua}/\phi N_n)^{5/3}+(V_{ua}/\phi V_n)^{5/3}$ 计算值均小于 1，证明《ACI 318》中规定的拉剪耦合计算公式合理可行。为了直观地表达公式的可行性，现将数据在图 4-27 中表示出来。

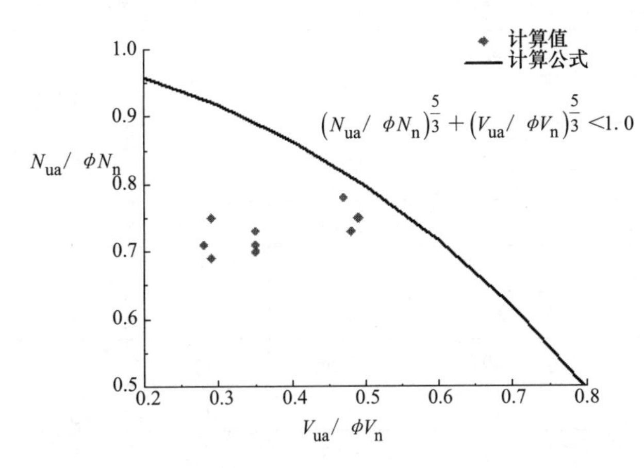

图 4-27　预埋吊件的 $V_{ua}/\phi V_n$–$N_{ua}/\phi N_n$ 关系曲线

Fig.4.27　The $V_{ua}/\phi V_n$–$N_{ua}/\phi N_n$ relation curve of the inserts

4.4.4 《CEN/TR 15728》规范理论值

本次拉剪耦合试验中主要发生的破坏为预埋吊件拉断破坏，承载力标准值按照第 2 章中所给的式（2-29）进行计算。

$$(N_{Ed}/N_{Rd,c})^{1.5}+(V_{Ed}/V_{Rd,c})^{1.5}\leqslant 1.0 \qquad (2\text{-}29)$$

通过计算可知，各项系数计算结果见表 4-14 所示。

各项系数计算值　　**表 4-14**

Calculated values of each coefficient　　**Tab.4.14**

名称	编号	极限承载力（kN）	N_{sd}（kN）	$N_{Rd,s}$（kN）	V_{Ed}（kN）	$V_{Rd,s}$（kN）
圆锥头端眼锚栓	LJ1-1	68.56	34.28	48.70	19.79	54.60
	LJ1-2	68.79	34.40	48.32	19.86	54.60
	LJ1-3	69.33	34.67	47.28	20.01	54.60
提升管件	LJ2-1	60.08	30.04	38.08	17.34	34.58
	LJ2-2	61.72	30.86	41.23	17.82	34.58
	LJ2-3	59.52	29.76	41.38	17.18	34.58

续表

名称	编号	极限承载力（kN）	N_{sd}（kN）	$N_{Rd,s}$（kN）	V_{Ed}（kN）	$V_{Rd,s}$（kN）
联合锚栓	LJ3-1	65.00	32.50	43.15	18.76	60.76
	LJ3-2	62.14	31.07	43.56	17.94	60.76
	LJ3-3	63.46	31.73	45.80	18.32	60.76

名称	编号	极限承载力（kN）	$N_{ua} / \phi N_n$	$V_{ua} / \phi V_n$	$(N_{ua} / \phi N_n)^{5/3} + (V_{ua} / \phi V_n)^{5/3}$
圆锥头端眼锚栓	LJ1-1	68.56	0.70	0.36	0.81
	LJ1-2	68.79	0.71	0.36	0.82
	LJ1-3	69.33	0.73	0.37	0.85
提升管件	LJ2-1	60.08	0.78	0.50	1.04
	LJ2-2	61.72	0.75	0.52	1.02
	LJ2-3	59.52	0.73	0.50	0.97
联合锚栓	LJ3-1	65.00	0.75	0.31	0.83
	LJ3-2	62.14	0.71	0.30	0.76
	LJ3-3	63.46	0.69	0.30	0.74

通过表 4-14 可知，联合锚栓和圆锥头端眼锚栓的$(N_{sd} / N_{Rd,s})^{1.5} + (V_{sd} / V_{Rd,s})^{1.5}$计算值均小于 1，而提升管件的$(N_{sd} / N_{Rd,s})^{1.5} + (V_{sd} / V_{Rd,s})^{1.5}$计算值大于 1，证明《CEN/TR 15728》中规定的拉剪耦合计算公式并不是对于所有的预埋吊件都适用，公式需进一步完善。为了直观地表达公式的可行性，现将数据在图 4-28 中表示出来。

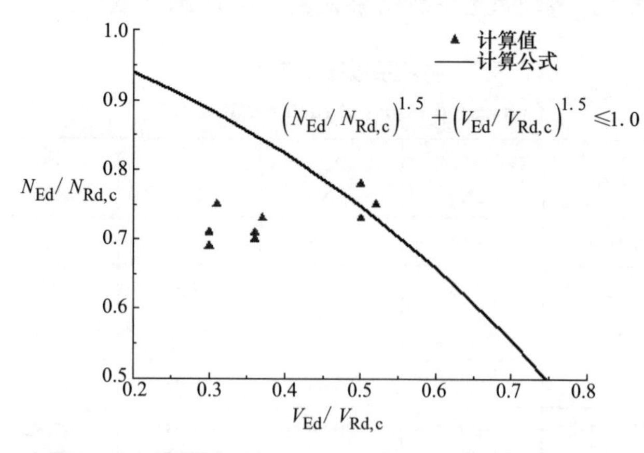

图 4-28　预埋吊件的 $V_{Ed} / V_{Rd,s}$–$N_{Ed} / N_{Rd,s}$ 关系曲线

Fig.4.28　The $V_{Ed} / V_{Rd,s}$–$N_{Ed} / N_{Rd,s}$ relation curve of the inserts

4.4.5 数据对比分析

根据计算，可知三个规范中给出的拉剪耦合公式均符合要求。现将三类预埋吊件的拉剪耦合公式验证的计算结果总结见下表 4-15。

数据对比分析　表 4-15

The comparative analysis on the date　Tab.4.15

名称	编号	试验极限荷载（kN）	《技术规程》计算值	《ACI 318》计算值	《CEN/TR 15728》计算值
圆锥头端眼锚栓	LJ1-1	68.56	0.88	0.73	0.81
	LJ1-2	68.79	0.89	0.74	0.82
	LJ1-3	69.33	0.92	0.77	0.85
提升管件	LJ2-1	60.08	1.15	0.95	1.04
	LJ2-2	61.72	1.14	0.92	1.02
	LJ2-3	59.52	1.09	0.88	0.97
联合锚栓	LJ3-1	65.00	0.88	0.75	0.83
	LJ3-2	62.14	0.81	0.69	0.76
	LJ3-3	63.46	0.79	0.67	0.74

总结上表可知，根据《技术规程》、《CEN/TR 15728》中规定的拉剪耦合计算公式并不是对于所有的预埋吊件都适用，公式需进一步完善。《ACI 318》规定的计算公式验证正确。

为了更直观地表现，可将各个规范的计算公式和根据试验得到的计算值在图 4-29 表示。

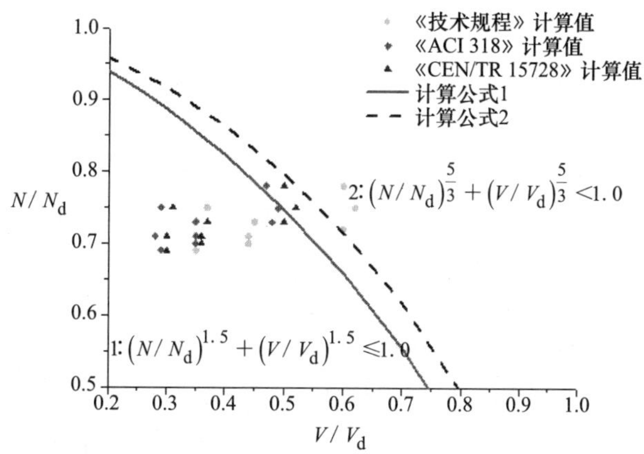

图 4-29　预埋吊件的 V/V_d–N/N_d 关系曲线

Fig.4.29　The V/V_d–N/N_d relation curve of the inserts

图 4-29 中，计算公式 1 为《技术规程》、《CEN/TR 15728》中规定的公式，计算公式 2 为《ACI 318》中规定的公式。由图 4-29 可知，与《技术规程》、《CEN/TR 15728》相比，《ACI 318》规定的计算方式 $(N_{ua}/\phi N_n)^{5/3}+(V_{ua}/\phi V_n)^{5/3}<1.0$ 在计算拉剪耦合作用力时更为安全，可用来于指导国内预埋吊件在实际工程的受力计算。

4.5 本章小结

本章通过对 18 组共 54 个混凝土试件进行拉拔试验，可得出以下结论：

（1）对试验现象进行分析可知，在拉拔试验中发生的主要破坏形式为锥体破坏，只有联合锚栓在边距较大的情况下发生了拉断破坏。理想锥形体破坏角度为 35°，试验中得到的破坏角度均小于理想角度。

（2）通过对试验数据整理，绘成荷载-位移曲线。通过分析可知，同种预埋吊件在边距相同的情况下，埋置深度越大，预埋吊件的抗拉承载力越大，同种预埋吊件在埋置深度相同的情况下，边距越大，预埋吊件的抗拉承载力越大。

（3）将试验所得的极限承载力与根据国内外规范计算的理论值进行比较，可知

1）当拉拔试验中发生混凝土锥体破坏时，试验得出的极限承载力与通过规范中规定的公式计算得出的规范值的比值各不相同，运用《技术规程》计算，其比值的平均值约为 2.5，范围为 1.5 ～ 3.6；运用《ACI 318》计算，其比值的平均值约为 1.9，范围为 1.1 ～ 2.8；通过《CEN/TR 15728》计算，其比值的平均值约为 2.0，范围为 1.3 ～ 3.0。在三个规范中，比值较大的均发生在平板提升管件和提升管件这两类预埋吊件中，说明这两类预埋吊件在使用时更偏于安全。比值最小的多发生在楼板元件-圆锥头吊装锚栓和 TPA-FS 型伸展锚钉这两类预埋吊件中，说明此预埋吊件在使用时安全性相比其他吊件较差一些，选用时需要注意增大其埋深或者增大数量等。

2）当拉拔试验中发生预埋吊件拉断破坏时，试验得出的极限承载力大于通过《技术规程》与《CEN/TR 15728》中规定的计算公式得出的理论值，其比值的平均值分别为 1.15、1.05；通过《ACI 318》中规定的公式计算得出的规范值大于试验得出的极限承载力，《ACI 318》计算公式中，预埋吊件的破坏强度取为抗拉强度而不是屈服强度，故计算得出的理论值远大于通过《技术规程》与《CEN/TR 15728》计算得出的理论值。

3）三个各规范中，《技术规程》计算公式更为安全，《CEN/TR 15728》次之，《ACI 318》较为危险。由于《技术规程》针对后锚固施工工艺，而预埋吊件的施工工艺为现浇，在适用范围上有所限制，所以对于预埋吊件的计算应参考

《CEN/TR 15728》，在此基础进行修正完善。

本章通过对 3 组共 9 个混凝土试件进行拉剪耦合试验，可知 9 个混凝土试件均发生了混凝土破坏。通过对每个预埋吊件进行受力分析，将试验结果代入三大规范中关于拉剪耦合的计算公式进行验算。根据《技术规程》、《CEN/TR 15728》中规定的拉剪耦合计算公式并不是对于所选预埋吊件都适用，公式需进一步完善，《ACI 318》规定的计算公式对于所选预埋吊件都适用。所以《ACI 318》规定的计算方式 $(N_{ua} / \phi N_n)^{5/3} + (V_{ua} / \phi V_n)^{5/3} < 1.0$ 在计算拉剪耦合作用力时更为安全，可用来于指导国内预埋吊件在实际工程的受力计算。

第5章　结论与展望

5.1　结论

本书通过对国内外关于预埋吊件的现有规范和研究现状，借鉴锚栓、植筋和预埋件的相关规范和研究成果，对18组共54个混凝土试件进行拉拔试验和3组共9个混凝土试件进行拉剪耦合试验，可得出以下结论：

1. 预埋吊件分类：将预埋吊件分为六类，分别为扩底类、穿筋类、螺纹头端部异形类、撑帽式短柱、“短小版”扩底类、板状底部类。并对每种类型的特点进行较为详细的分析总结。

2. 破坏形式：预埋吊件的主要破坏形式为受拉破坏和受剪破坏。其中，受拉破坏分为预埋吊件的拉断破坏和拔出破坏、混凝土的锥体破坏、劈裂破坏以及侧向破坏五种破坏模式。受剪破坏分为预埋吊件的剪断破坏、混凝土的剪撬破坏和楔形体破坏三种破坏模式。其中混凝土的锥体破坏和楔形体破坏是预埋吊件在拉拔和剪切试验中理想的破坏形式。

3. 对比分析承载力计算公式：将《CEN/TR 15728》、《ACI 318》和《技术规程》规范中的拉拔和拉剪耦合承载力计算公式进行总结，并在适用范围、锥体破坏公式影响系数等方面对拉拔承载力计算公式进行对比分析，分析异同。

4. 承载力的影响因素：通过总结分析预埋吊件在不同破坏形式下的承载力计算公式，梳理承载力的影响因素。主要分为内因外因两部分，内部因素包含预埋吊件的有效埋深、基材混凝土边距、基材厚度、混凝土强度等；外部因素主要为吊装过程中吊装系统产生的动力影响系数，拉剪耦合作用下的扩展角等。并对每个因素的影响进行了详尽的分析与阐释。

5. 预埋吊件的拉拔力学性能：

（1）通过对18组共54个混凝土试件进行拉拔试验，对试验现象进行分析可知，在拉拔试验中发生的主要破坏形式为锥体破坏，只有联合锚栓在边距较大的情况下发生了拉断破坏。理想锥形体破坏角度为35°，试验中得到的破坏角度均略小于理想角度，验证了试验的可行性。

（2）通过对拉拔试验的荷载-位移曲线进行分析可知，同种预埋吊件在边距相同的情况下，埋置深度越大，预埋吊件的抗拉承载力越大；同种预埋吊件在埋置深度相同的情况下，边距越大，预埋吊件的抗拉承载力越大。

（3）将拉拔试验所得的极限承载力与根据国内外规范计算的理论值进行比较，可知：

1）当拉拔试验中发生混凝土锥体破坏时，试验得出的极限承载力与规范理论值的比值各不相同，运用《技术规程》计算，其比值的平均值约为2.5，范围为1.5～3.6；运用《ACI 318》计算，其比值的平均值约为1.9，范围为1.1～2.8；通过《CEN/TR 15728》计算，其比值的平均值约为2.0，范围为1.3～3.0。在三个规范中，比值较大的均发生在平板提升管件和提升管件这两类预埋吊件中，说明这两类预埋吊件在使用时更偏于安全。比值最小的多发生在楼板元件 - 圆锥头吊装锚栓和TPA-FS型伸展锚钉这两类预埋吊件中，说明此预埋吊件在使用时安全性相比其他预埋吊件较差一些，选用时需要注意增大其埋深或增加数量等。

2）当拉拔试验中发生预埋吊件拉断破坏时，试验得出的极限承载力大于通过《技术规程》与《CEN/TR 15728》中规定的计算公式得出的理论值，其比值的平均值分别为1.15、1.05；通过《ACI 318》中规定的公式计算得出的规范值大于试验得出的极限承载力，《ACI 318》的拉断破坏计算公式在指导实际工程计算中缺乏安全性。

3）三个各规范中，《技术规程》计算公式更为安全，《CEN/TR 15728》次之，《ACI 318》较为危险。由于《技术规程》针对后锚固施工工艺，而预埋吊件的施工工艺为现浇，在适用范围上有所限制，所以对于预埋吊件的计算应参考《CEN/TR 15728》，在此基础进行修正完善。

6. 通过对3组共9个混凝土试件进行拉剪耦合试验，可知9个混凝土试件均发生了混凝土破坏。通过对每个预埋吊件进行受力分析，将试验结果代入三大规范中关于拉剪耦合的计算公式进行验算。根据《技术规程》、《CEN/TR 15728》中规定的拉剪耦合计算公式并不是对于所选预埋吊件都适用，公式需进一步完善，《ACI 318》规定的计算公式对于所选预埋吊件都适用。所以，《ACI 318》规定的计算方式 $(N_{ua}/\phi N_n)^{5/3}+(V_{ua}/\phi V_n)^{5/3}<1.0$ 在计算拉剪耦合作用力时更为安全，可用来于指导国内预埋吊件在实际工程的受力计算。

5.2 展望

基于国内对于预埋吊件的研究较少，而且研究不够深入。笔者建议从以下几个方面继续开展预埋吊件的相关研究。

（1）群埋效应

在实际吊装和运输过程中，预制构件的起吊通常采用“两点吊”或者“四点吊”的方式，并非单单使用一个预埋吊件进行起吊，因此有必要研究群埋效应对于承载力的影响。

（2）影响因素

通过总结国内外研究成果可知，承载力的影响因素有内因外因两大部分。在本次拉拔试验中，仅仅涉及埋深和边距两个影响因素，因此建议从其他影响因素入手，比如混凝土强度、基材厚度以及动力系数等，研究他们对于承载力的具体影响趋势。

另外在本次拉剪耦合试验中，进行了计算公式的验证，但未研究影响因素对于拉剪耦合承载力的影响趋势，扩展角作为拉剪耦合承载力的重要影响因素，因此有必要研究扩展角对于拉剪耦合承载力的影响。

（3）基材配筋

实际工程中的预制构件，大多配置钢筋，而在本实验中仅在锚固区进行了抗弯配筋，其他区域并未配筋，建议可从基材配筋方面对预埋吊件进行研究。

参考文献

[1] 张玲 . 北方地区装配式住宅设计研究 [D]. 沈阳 : 沈阳建筑大学 , 2012.

[2] 蒋勤俭 . 混凝土预制构件行业发展与定位问题的思考 [J]. 混凝土世界 , 2011(4): 20-22.

[3] 郭正兴 , 董年才 , 朱张峰 . 房屋建筑装配式混凝土结构建造技术新进展 [J]. 施工技术 , 2011, 40(11): 1-4.

[4] 徐雨濛 . 我国装配式建筑的可持续性发展研究 [D]. 武汉 : 武汉工程大学 , 2015.

[5] 顾泰昌 . 国内外装配式建筑发展现状 [J]. 工程建设标准化 , 2014, 08: 48-49.

[6] 李传坤 . 制约我国建筑工业化发展的关键问题及应对措施研究 [D]. 山东 : 聊城大学 , 2014.

[7] 李晓明 . 装配式混凝土结构关键技术在国外的发展与应用 [J]. 住宅产业 , 2011(6): 16-18.

[8] 王茜 , 毛晓峰 . 浅谈装配式建筑的发展 [J]. 建筑与工程 , 2012(21): 354-381.

[9] 齐宝库 , 张阳 . 装配式建筑发展瓶颈与对策研究 [J]. 沈阳建筑大学学报 , 2015, 17(2): 156-159.

[10] 秦拥军 . 谈装配式建筑的推广应用 [J]. 山西建筑 , 2016(7): 77-78.

[11] 龚志宏 . 预制构件在住宅产业化中的应用及设计方法 [D]. 广东 : 华南理工大学 , 2010.

[12] 中华人民共和国国家标准 . 混凝土结构工程施工规范 GB 506666—2011[S]. 北京 : 中国建筑工业出版社 , 2011.

[13] 中华人民共和国行业标准 . 装配式混凝土结构技术规程 JGJ 1—2014[S]. 北京 : 中国建筑工业出版社 , 2014.

[14] 张鹏 , 迟锴 . 工具式吊装系统在装配式预制构件安装中的应用 [J]. 施工技术 , 2012, 10: 79-82.

[15] VDI/BV-BS6205: Lifting Anchor and lifting Anchor Systems for concrete components, 2012.

[16] PD CEN/TR 15728: Design and use of inserts for lifting an handling of precast concrete elements, 2016.

[17] Eligehausen, R. (1991). Lateral Blouout Failure of Headed Studs Near the Free Edge. In: Senkiw, G. A. Lance-lot, H. B. , SP-130 Design an Behavior. American Concrete Institute, Detroit, 1991, 235 - 252.

[18] Rah, K. K. 2005. Numerical study of the pull-out behavior of headed anchors in different materials under static and dynamic loading conditions. Master thesis, Institute for

Construction materials, University of Stuttgart, Germany, 2005.

[19] Lee, N. H. , Kim, K. S. , Bang, C. J. & Park, K. R. 2006. Tensile anchors with large diameter and embedment depth in concrete. Submitted to ACI Structural and Materials Journals, 2006.

[20] Langenfeld-Richrath. Inserts for Lifting and Handling of Precast elements where are the European Codes A State of the Art, Halfen GmbH, 2012.

[21] Machinery Directive 2006/42/EC, Directive 2006/42/EC of the European Parliamentand of the Council of 17 May 2006 on machinery, and amending Directive 95/16/EC(recast), Official Journal of the European Union, Brussels, 2006.

[22] BGR 106: Sicherheitsregeln für Transportanker und –systeme von Betonfertigteilen, (Safety Regulations for the Testing and Certification of Lifting Anchor Systems for the Lifting of Precast Concrete Elements) Ausgabe April 1992, Hauptverband dergewerblichen Berufsgenossenschaften Fachausschuß "Bau", Sankt Augustin, 1992.

[23] Grundsätze für die Prüfung und Zertifizierung von Transportankersystemen zumTransport von Betonfertigteilen. (Basic Principles for the Testing and Certification of Lifting Anchor Systems for the Lifting of Precast Concrete Elements) Ausgabe10. 2006, Hauptverbandder gewerblichen Berufsgenossenschaften Fachausschuß "Bau", SanktAugustin, 2006.

[24] ETAG001-Part5: Guideline for European Technical Approval Of Metal Anchors for Use in Concrete, 2008.

[25] ETAG001-Annex A: Guideline for European Technical Approval Of Metal Anchors for Use in Concrete, 1997.

[26] ETAG001-AnnexC: Guidelinefor European Technical Approval Of Metal Anchors for Use in Concrete, 1997.

[27] ACI 355. 2-04: Qualification of Post-Installed Mechanical Anchors in Concrete, 2008.

[28] AC308: Acceptance Criteria for Post-Installed Adhesive Anchors in Concrete Elements, 2009.

[29] AC193: Acceptance Criteria for Mechanical Anchors in Concrete Elements, 2010.

[30] ACI 318R-05: Building Code Requirement for Structural Concrete and Commentary, 2005.

[31] C. Ben Farrow, Richard E. Klingner. Tensile Capacity of Anchors with Partial or Overlapping Failure Surfaces: Evaluation of Existing Formulas on an LRFD Basis. ACI Structural Journal, 1995, 11: 698-710.

[32] Ronald A Cook, G T Doeerr, Richard E Klingner. Bond Stress Model for Design of Adhesive Anchors. ACI Structural Journal, 1993, 90(5): 514-524.

[33] Ronald A Cook. Behavior of Chemically Bonded Anchors. Journal of Structural Engineering, 1993, 9: 2744-2762.

[34] Ronald A Cook, Jacob Kunz, Werner Fuchs, Robert C Konz. Behavior and Design of Single Adhesive Anchors under Tensile Load in Uncracked Concrete. ACI Structural Journal, 1998, 95(1): 9-25.

[35] Francis A Oluokun, Edwin G Buredtte. Behavior of Channel Anchors in Thin Slabs under Combined Shear and Tension (Pullout) Loads. ACI Structural Journal, 1993, 90(4): 407-413.

[36] 苏磊，李杰，陆洲导．受剪状态下化学锚栓群锚系统承载力 [J]. 哈尔滨工业大学学报，2010, 04: 612-616.

[37] 郑巧灵．锚栓受剪性能试验研究 [D]. 重庆：重庆大学，2013.

[38] 王企阳．化学胶后锚固粘结植筋的数值模拟研究 [D]. 上海：同济大学，2007.

[39] 刘佰平．小间距下化学锚栓承载力影响因素分析 [D]. 武汉：武汉科技大学，2013.

[40] 孙圳．预埋吊件的拉拔力学性能试验研究 [D]. 沈阳：沈阳建筑大学，2016.

[41] 刘伟．边距对扩底类预埋吊件承载力影响有限元分析 [D]. 沈阳：沈阳建筑大学，2017.

[42] 中华人民共和国行业标准．混凝土结构后锚固技术规程 JGJ 145—2013[S]. 北京：中国建筑工业出版社，2013.

[43] 中华人民共和国行业标准．混凝土用膨胀型、扩孔型建筑锚栓 JG 160—2004[S]. 北京：中国建筑工业出版社，2004.

[44] 中华人民共和国国家标准．混凝土结构设计规范 GB 50010—2015[S]. 北京：中国建筑工业出版社，2015.

[45] 周萌．混凝土结构化学锚栓群锚抗拉性能研究 [D]. 武汉：华中科技大学，2012.

[46] 王宪雄．轴心受拉后锚固结构锚板刚度研究 [D]. 江苏：中国矿业大学，2015.

[47] 预埋件专题研究组．预埋件的受力性能及设计方法 [J]. 建筑结构学报，1987(3): 36-50.

[48] 殷芝霖．钢筋混凝土结构中预埋件的设计方法（七）—拉剪和拉弯剪预埋件 [J]. 1988: 39-50.

[49] 王清湘．大直径锚筋预埋件纯剪、拉剪作用下的试验研究 [J]. 建筑结构学报，2008: 281-286.

[50] 周彬，吕西林，任晓崧．既有砌体结构墙体植筋拉拔性能的理论分析与试验研究 [J]. 建筑结构学报，2012, 11: 132-141.

[51] 周军．高温条件下大直径后置锚栓抗拔特性 [J]. 工业建筑，2013, S1: 512-515+490.

[52] 徐印代．浅谈建筑幕墙预埋件设计 [J]. 施工技术，2010, S1: 558-561.

[53] 张建荣，李小敏．不同植筋胶的粘结性能比较试验研究 [J]. 结构工程师，2015, 05: 135-140.